清洁小流域规划方法与实证研究

高媛媛　殷小琳　著

U0238022

中国水利水电出版社
www.waterpub.com.cn
·北京·

内 容 提 要

本书借鉴"清洁生产"中对污染物进行全过程控制的理念，结合目前流域水污染防治中对污染物进行总量控制的要求，将"清洁"的环境保护策略与水污染防治和保护的最佳单元——流域相结合，提出清洁小流域的概念，探讨包括非点源污染在内的全口径污染负荷总量控制的清洁小流域规划方法，以实现总量控制和流域水体水质目标的紧密挂钩。

本书可供从事水利工程规划设计、工程技术、建设管理等相关人员参考，也可作为水利院校相关专业的参考书。

图书在版编目（ＣＩＰ）数据

清洁小流域规划方法与实证研究 / 高媛媛，殷小琳著. — 北京 : 中国水利水电出版社，2018.12
ISBN 978-7-5170-7321-5

Ⅰ．①清… Ⅱ．①高… ②殷… Ⅲ．①小流域综合治理—研究 Ⅳ．①TV88

中国版本图书馆CIP数据核字(2019)第007296号

书　　　名	清洁小流域规划方法与实证研究 QINGJIE XIAOLIUYU GUIHUA FANGFA YU SHIZHENG YANJIU
作　　　者	高媛媛　殷小琳　著
出版发行	中国水利水电出版社 （北京市海淀区玉渊潭南路1号D座　100038） 网址：www.waterpub.com.cn E - mail：sales@waterpub.com.cn 电话：（010）68367658（营销中心）
经　　　售	北京科水图书销售中心（零售） 电话：（010）88383994、63202643、68545874 全国各地新华书店和相关出版物销售网点
排　　　版	中国水利水电出版社微机排版中心
印　　　刷	北京九州迅驰传媒文化有限公司
规　　　格	170mm×240mm　16开本　8印张　139千字
版　　　次	2018年12月第1版　2018年12月第1次印刷
定　　　价	**42.00元**

前　言

　　党的十八大报告提出大力推进生态文明建设，将生态文明建设上升为国家战略。五年以来，生态环境治理明显加强，环境状况得到改善。十九大报告提出建设生态文明是中华民族永续发展的千年大计，坚持节约资源和保护环境的基本国策，实行最严格的生态环境保护制度，形成绿色发展方式和生活方式。目前我国水污染形势依旧严峻，饮用水水源安全保障水平亟须提升，排污布局与水环境承载能力不匹配，城市建成区黑臭水体大量存在，湖库富营养化问题依然突出，部分流域水体污染依然较重，已成为制约我国经济发展方式转变和生态文明建设的重要因素。而随着生态文明建设的不断深入，全社会对良好人居环境和清洁水源的需求日益迫切。这就要求对生产和生活中产生的各类污染物进行有效处理。清洁生产理念以及相关技术的推广为解决点源污染提供了可靠途径，而非点源污染正日益成为生态环境和人类健康的重要威胁。如何更好地解决非点源污染问题正成为相关研究中的热点和难点。

　　我国的水污染特点呈流域性，不同的流域有不同的污染特征。流域作为水资源自然形成的基本单元，也应该作为水污染分析和治理的基本单元，如何从顶层设计的角度，对流域水污染防治进行科学合理的规划是目前研究中的热点和难点。近年来，随着生态文明建设的持续推进和全社会对水污染问题的重视程度的提高，我国流域水污染防治在理论、方法和实践中均取得了长足进展，编制了一系列水污染防治规划，对流域内经济社会发展和水环境保护进行了合理部署，为改善流域水环境提供了有效保障。在治污理念方面，清洁生产以其主动的前置式的污染治理理念代替以往被动的末端式污染治理模式，在工业污染防治中得到了广泛应用，有效破解了点源污染治理的难题。然而，流域水污染防治领域出现的新特点要求水污染治理领域有更深入的研究。主要体现在：目前的流域水污染防治规划主要以大型流域为对象，涉及范围广、面积大、利益博弈复杂，规划的项目和资金落实等难以达到规划目标，影响规划实施效果；随着点源污染控制能力的不断增强，农业生产生活过程所造成的非点源污染问题已成为水环境质量恶化的主要原因。根据美国环保署的调查结果，农业非点源污染已逐渐取代点源污染成为威胁美国河流和湖泊的第一大污染源，在水质不达标的水体中有40%的河流和湖泊污染直接由非点源污染造成。农业非点源污染同样是造成欧洲水体尤其是地下水硝酸盐污染的首要来源。瑞典不同流域农业非点源氮污染负荷占流域总负荷量的60%～87%。根据我国第一次全国污染普查结果，仅农业污染源中主要水污染物排放量COD为1324.09万t、TN为270.46万t、TP为28.47万t，分别占全国排放总量的43.7%、57.2%、67.4%。而目前的流域水污染防治规划中污染物总量控制定额的制定、污染分配等基本上多针对点源污染，结合流域水体水质要求对非点源进行定量控制的研究尚较少。因此，如何结合流域水体水质目标要求，对非点源污染进行有效防治是水污染防治中的新重点和难点。

本书借鉴"清洁生产"中对污染物进行全过程控制的理念，结合目前流域水污染防治中对污染物进行总量控制的要求，将"清洁"的环境保护策略与水污染防治和保护的最佳单元——流域相结合，提出清洁小流域的概念，探讨包括非点源污染在内的全口径污染负荷总量控制的清洁小流域规划方法，以实现总量控制和流域水体水质目标的紧密挂钩。本书一共为6章：第1章对目前水污染防治规划研究进展及存在问题进行了系统梳理；第2章界定了清洁小流域的概念及其规划的目标、内容、步骤、研究基础等，分析了其与水污染防治规划、生态清洁小流域建设等相关研究的区别与联系；第3章和第4章构建了清洁小流域规划方法，主要包括规划分区方法、纳污能力计算方法以及污染负荷削减的二次分配模型；第5章以辽宁省本溪市桓仁县的六河流域为例进行了实证研究，提出了研究区实现清洁小流域的污染负荷削减规划方案，以期为北方农业生产为主的小流域污染防治提供借鉴；第6章对所提出的清洁小流域规划方法和实证研究进行了总结，并对其未来发展方向进行了展望。

本书在成稿过程中得到了王彤彤的帮助，在此表示感谢。由于时间和作者水平有限，书中难免有些疏漏或不足，恳请广大读者予以批评指正。

作者

2018 年 2 月

目　录

第1章 研究背景及意义

1.1 问题的提出

（1）生态文明取得显著成效，但仍任重道远。党的十八大以来，我国生态文明建设被放在了更加突出的位置。国家在生态文明建设领域，提出了一系列新理念新思想新战略，为推进生态文明建设提供了理论指导和行动指南。2012年11月，党的十八大明确了生态文明建设的总体要求，随后召开的党的十八届三中、四中、五中全会分别确立了生态文明体制改革、生态文明法治建设和绿色发展的任务，2015年5月专门制定出台了《中共中央国务院关于加快推进生态文明建设的意见》。在一系列政策指引下，我国生态文明建设成效显著。生态文明制度体系加快形成，主体功能区制度逐步健全，全面节约资源有效推进，能源、水、土地等资源消耗强度大幅度下降；环境治理力度不断加大，重点治理大气、水、土壤三大污染，环境恶化趋势初步扭转；重大生态修复工程和完善生态补偿机制得以实施，重点生态功能区得到保护，重要自然生态系统有所恢复。生态环境治理明显加强，环境状况得到改善。

2017年10月，十九大报告指出，坚持人与自然和谐共生，建设生态文明是中华民族永续发展的千年大计，实行最严格的生态环境保护制度。加快生态文明体制改革，建设美丽中国。推进绿色发展，降低能耗、物耗，实现生产系统和生活系统循环链接；着力解决突出环境问题。坚持全民共治、源头防治，加快水污染防治，实施流域环境和近岸海域综合治理；加大生态系统保护力度，改革生态环境监管体制。十九大报告中关于生态文明的重要论述给新时期生态文明建设提出了新的要求，生态文明建设任重道远。

（2）水污染防治形势严峻，与生态文明建设需求尚有差距。水是生命之源，生产之要，生态之基。良好的水质和丰沛的水量是经济社会可持续发展必不可少的支撑条件。然而，流域性水污染问题是生态文明建设的重要制约因素。20 世纪 50 年代以来，在大多数发达国家和经济转型国家，经济社会的进步往往伴随着人类对包括水资源在内的各类自然资源的过度索取和严重破坏[1]，流域性水环境恶化逐渐成为全球共同面临的难题。在发展中国家，几乎所有大城市的地表水和地下水水质都在迅速恶化，严重威胁人群健康和自然资源价值。2009 年 3 月，第五届世界水资源论坛强调：21世纪将是以水质和水管理为最重要议题的世纪[2-3]；第六届世界水资源论坛则强调饮用水安全保障水平和水资源可持续利用。国际社会对水资源管理和保护的关注热点无疑为水污染的有效防治带来了新机遇和挑战。

我国水污染问题同样不容忽视，水环境的形势非常严峻。体现在三个方面：第一，就整个地表水而言，受到严重污染的劣 V 类水体所占比例较高，全国约 10％，有些流域甚至远远超过 10％。如海河流域劣 V 类的比例高达 39.1％。第二，流经城镇的一些河段，城乡结合部的一些沟渠塘坝污染普遍比较重，并且由于受到有机物污染，黑臭水体较多，受影响群众多，公众关注度高，不满意度高。第三，涉及饮水安全的水环境突发事件的数量依然不少。环保部门公布的调查数据显示，2011 年，全国十大水系（图 1.1）、62 个主要湖泊分别有 31％和 39％的淡水水质达不到饮用水要求，严重影响人们的健康、生产和生活。这也是我国《水污染防治行动计划》出台的重要背景。

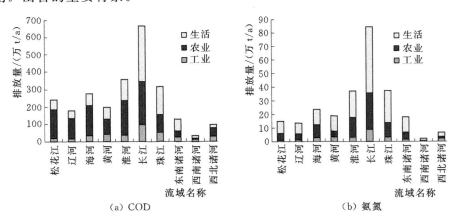

图 1.1　2011 年我国十大流域 COD 和氨氮排放情况

随着经济的高速发展和城市化进程的加速，排入水体的污染负荷量大大超过了其自身的承受能力，水污染程度日趋加深，进而造成河流、湖泊、水库等水体预期功能衰退甚至丧失。目前包括长江、黄河、海河等在内的七大流域均面临不同程度的水污染问题，尤其是淮河、太湖等流域的水污染问题尤为严重，由此造成的水质型缺水使本来就缺水的流域水资源可持续利用雪上加霜[4-5,16]。近年来流域性水污染问题呈现暴发趋势，不仅给经济社会造成巨大损失，也破坏了人类赖以生存的生态环境，与新时期建设美丽中国的要求差距很大。2011年中央明确要求实行最严格的水资源管理制度，并确立了"三条红线"制度，力图以最严格的水资源管理制度推进经济社会发展与水资源水环境承载能力之间的协调程度[6]。为保障这一制度的顺利实施，2013年1月国务院出台《实行最严格水资源管理制度考核办法》，进一步规定了各省的水功能区限制纳污红线的阶段性目标[7]：要求水功能区水质达标率到2030年达到95%。而据2010年全国部分省份水功能区水质达标率来看，水功能区水质达标率目标的实现任重而道远。

（3）新的发展阶段要求新的污染治理思路和重点。在严峻的污染形势和迫切的治污需求下，世界范围内水污染防治的方式和重点逐渐发生转变。水污染防治重点逐渐从20世纪50年代的重视浓度控制和点源削减转向浓度与总量联合控制、点源与非点源污染综合防控的阶段[9-12,16]。近年来，在科学发展观指引下，我国流域水环境保护和水污染防治工作取得了很大进展，编制并实施了一系列的水污染防治规划，比较有代表性的有长江中下游水污染防治规划、淮河流域、滇池流域、海河流域、巢湖流域水污染防治规划等。通过对相关规划的总结发现，目前我国流域水污染防治规划主要以大型流域为对象而开展，由于这类流域水污染防治规划涉及范围广、面积大、利益关系复杂等问题，致使规划在项目和资金落实等方面均达不到预期目标，影响和制约了规划效果的发挥，"十五"期间我国"三河两湖"水污染防治规划实施状况（见表1.1）就是这一现象的证明。"三河两湖""十五"规划中COD规划项目完成率仅为43.0%～86.3%，实际排放量比规划目标高出20%～72%。以海河流域为例，由于"九五"和"十五"的COD削减目标的实际完成率为77.7%和51.2%，均未完成规划预期目标，因而水环境恶化的趋势至今仍未得到有效遏制[13]。另一方面，目前我国的水污染防治规划规划中的总量控制主要针对点源污染，对环境质量影响较大的非点源污染因其发生的随机性、过程的复杂性以及空间分布的不确定性，至今尚未提出总量控制要求。然而随着经济社会的发展，农村生活和农业生产所排放非点源污染的比重逐渐加大，有些水域的非点源污染比例甚至超过了点源污染而成为威胁水体水质安全的主要因素。这也是造成我国"十一五"时期污染总量减排预期目标基本实现，但污染总量减排与环境质量改善不对应的问题发生的主要原因。进入 21 世纪以来，我国明确提出要加强农村环境保护，加快推进"三个转变"：从偏重城市环保转变为城市与农村环保并重，从偏重工业污染防治转变为工业、生活与农业非点源污染防治协调推进，从偏重城市环境基础设施建设转变为城乡环境基础设施统一规划、统一建设和共享共用。因此，为使污染减排和环境质量的同步改善，未来将非点源同步纳入国家总量控制体系势在必行[14-15]。

表 1.1　　"十五"期间我国"三河两湖"水污染防治规划实施状况

流域	总量控制指标完成情况			规划项目实施情况			
	控制目标	2005 年排放量	完成目标与否	项目完成数/个	项目完成率/%	项目落实投资/亿元	投资落实率/%
辽河	COD：33.5 万 t	COD：56.9 万 t	否	95	43	64	33.9
海河	COD：106.5 万 t	COD：131.5 万 t	否	278	56	225.4	55.4
淮河	COD：33.5 万 t，氨氮：11.3 万 t	COD：33.5 万 t，氨氮：14 万 t	否否	342	70.1	144.6	56.5
巢湖	COD：33.5 万 t，TP：1072t	COD：33.5 万 t，TP：782.1t	否是	26	53.1	30.3	62.2
太湖	COD：33.5 万 t，氨氮：9.91 万 t	COD：33.5 万 t，氨氮：3.5 万 t	否是	220	86.3	168.7	76.7

近年来，"清洁生产"在世界范围内取得了较大进展和广泛应用，尤其是在工业点源污染治理领域取得了显著成效。其核心是将综合预防的环境策略持续应用于生产和生活中，以主动的前置式的污染治理理念代替以往被动的末端式治理的污染治理模式，为工业污染防治提供了有效途径。世界范围内的事实证明，通过清洁生产，改变了以大量消耗资源、粗放经营的传统生产模式，有效遏制了点源污染，为工业生产逐渐走上可持续发展道路提供了保障。而点源污染的有效解决并不能从全局上逆转水质水环境的恶化趋势，目前在污染负荷中占据重要比重的非点源污染正成为流域水环境的重要威胁。为科学全面解决水污染防治问题，必须重视非点源污染问题。同时，从非点源污染产生、迁移过程而言，河流水系是其迁移的主要途径，而河流水系的汇水区域，也即流域，则是污染物的产生源。从

自然地理特征和污染物运移规律上分析，流域无疑是进行水污染控制尤其是非点源污染控制的最适宜的单元。如何将环境保护领域中的"清洁"理念引入流域水污染防治中，从污染物产生的全过程的角度对其进行总量控制，是新形势下的新要求。

基于上述考虑，针对我国目前水污染防治规划中客观存在的问题，以小流域为对象，将清洁生产对污染物进行全过程防控的理念与小流域的水污染防治相结合，提出"清洁小流域"的概念，开展清洁小流域研究是顺应污染治理新要求并具有一定创新意义的研究。

1.2　研究目的与意义

本书研究的意义可以归纳为以下三个方面：

（1）扩展清洁这一生态环境保护理念的应用范围。从清洁生产扩展到"清洁小流域"层面，丰富了清洁生产全过程污染控制理念的应用领域，丰富和完善流域水污染防治规划体系。事实证明，清洁生产作为一种先进的生态环境保护理念已经在点源污染防治中取得了良好成效，而非点源污染的防治是我国目前水污染防治工作中的重中之重。在对水污染物从点源污染治理转向包括点源非点源污染联合控制的形势下，我国的水环境保护规划中对非点源污染进行定量控制的研究仍较少，难以满足我国现阶段污染治理的现实需求。而且，无论流域有多大，均由若干小流域组成。若每个小流域都能实现"清洁"的目标，那么，由它们组成的流域也必将是"清洁"的。因此，以流域为单元，提出"清洁小流域"的概念，并探索清洁小流域规划方法和技术，将非点源污染总量控制纳入流域污染规划的总量控制中，将污染控制和水体水质目标紧密结合，在规划过程和生产过程中解决污染问题，实现流域经济效益、社会效益和环境效益统一，促进流域水体预期水质目标的实现，完善我国基于污染物总量控制的水污染防治规划体系。

（2）从严保护水资源，为最严格的水资源管理制度的落实奠定基础。目前我国大部分省级行政区水功能区水质达标率为 40% 左右，而最严格水资源管理制度要求 2030 年这一比例达到 95%。为保证这一目标的实现，必须以流域为单元进行全口径污染物的优化削减，从严保护水资源，为贯彻落实最严格水资源管理制度以及控制污染物排放总量和改善水环境质量的总体目标提供科学依据。因此，开展清洁小流域治理规划既是落实最严格水资源管理制度和污染减排目标的重要措施，更是保障国家水资源水环境安全的迫切需要，同时也是新时期下建设生态文明和美丽中国的现实需求。

（3）为研究区大伙房饮用水水源区非点源污染防治以及北方农业生产为主的小流域污染治理提供有效借鉴。近年来随着水库汇水区农药、化肥大量的使用，畜禽养殖粪便和农村生活污水的大量排放，人工生产设施和生活设施增建较多，地表植被破坏，致使非点源污染成为大伙房饮用水水源保护区水环境的重要威胁。然而目前该区对污染防治的研究主要集中在点源污染的控制上，对如何对非点源污染进行定量控制研究的甚少。因此，以六河流域作为实证研究具有重要的现实意义。

1.3 国内外研究现状和发展趋势

1.3.1 清洁生产污染控制理念研究现状

（1）清洁生产的提出背景。清洁生产污染控制理念的产生要追溯到可持续发展方式的提出。可持续发展要求经济发展和社会发展要与生态环境保护协调一致，这种发展方式要求提高生产效益、节约资源与能源、减少废物排放，而清洁生产是可持续发展战略得以实施的具体途径，同时也是实现生产方式与环境管理转变的最佳方式。

面对日益严峻的资源与环境问题，20 世纪 70 年代以来，生产者和管理者在污染治理实践中逐渐认识到末端治理虽然可在短期范围内和局部地区对污染治理起到作用，但因其治理费用高昂、技术水平限制等因素，难以从根本上治理污染，必须以预防为主，在整个生产过程中对污染的产生进行削减和控制。1972 年，为破解资源环境给经济社会发展造成的不利影响，联合国人类环境会议在斯德哥尔摩召开，并正式提出可持续发展的概念，标志着人类对环境问题关注的新开始。1976 年欧共体在巴黎举行"无废工艺和无废生产的国际研讨会"，提出要协调社会和自然的相互关系应必须着眼于消除造成污染的根源，而不仅仅是消除污染产生的后果。1989 年，联合国环境规划署（UNEP IE/PAC）正式提出了清洁生产（Cleaner Production，CP）的概念，并将其定于为："清洁生产是一种新的创造性思想，该思想将整体预防的环境战略持续应用于生产过程、产品设计和服务中，以增加生态效率和减少人类及环境的风险。对生产过程，要求节约原材料和能源，淘汰有毒原材料，减少所有废弃物的数量和降低其毒性；对产品，要求减少从原材料提炼到产品最终处置的全生命周期的不利影响；对服务，要求将环境因素纳入设计和所提供的服务中"[17]。这标志着人类在污染治理问题上从末端治理到全过程控制的转变。1992年，联合国环境与发展大会通过的《21世纪议程》，以更明确的方式提出实施清洁生产是工业企业实现可持续发展战略的有效途径[18-19]。《中国21世纪议程》中规定的清洁生产的定义与此类似，强调自然资源和能源的高效利用，对人类生产生活活动进行规划和管理，进而减少甚至消灭污染物[20]。

（2）清洁生产的核心思想。虽然清洁生产在世界范围内尚未形成统一的概念和定义，但其对污染进行预防为主和全过程控制的核心思想基本是一致的，即在工业生产中减少废物产生量，变原来的末端控制为从"摇篮"到"坟墓"的封闭式全过程控制。传统上环保工作的重点和主要内容是治理污染、达标排放，清洁生产则从根本上突破了这一界限，大大提升了环境保护的高度、深度和广度，提倡将将环境保护与生活和消费模式同步考虑，将环境保护与经济增长模式统一协调。作为一种环境战略，清洁生产的实施要依靠各种工具[21]。清洁生产的核心思想如图1.2所示。

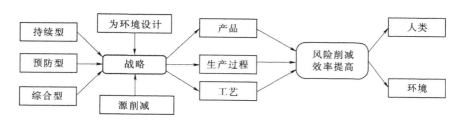

图1.2　清洁生产核心思想

也就是说，清洁生产是一种持续型、预防型、综合型的污染削减策略，与传统的末端治理方式相比，它的优势体现在对污染进行源头削减及全过程控制，全过程体现在产品、生产过程以及工艺三个方面，其目的是降低人类活动对生态环境产生的风险，提高资源能源等的利用效率。

（3）清洁生产理念和应用范围的扩展。近年来，作为革命性的现代工业发展模式和现代工业文明的重要标志，清洁生产在世界范围内得到了广泛应用，并在工业点源污染治理领域取得了良好效果。但从总体上看，这种新的生产方式和环保战略还仅仅局限于工业生产领域。在农业生产领域，清洁生产这一概念使用得相对较少、较晚。随着农业生产中农用化学品的超标或不合理使用以及畜牧业废弃物的大量排放，农业对生态环境的负面影响逐渐受到重视。为有效控制农业生产各环节的产污量和排污量，不少学者借鉴工业清洁的理念，提出农业生产的概念，试图将可持续发展和清洁生产污染控制理念引入农业生产。

关于农业清洁生产的概念，比较有代表性的是贾继文[19]提出的，要求在农业生产中运用工业清洁生产中的环境保护理念，减少农药、化学等施用量、改进农业生产技术，从而降低或规避农业生产对生态环境的负面影响，以及对人类可能造成的风险[20]。鉴于农业清洁生产能够有效减少农业生产过程中产生的污染物，也有学者提出农业清洁生产是防治非点源污染的根本途径。

此外，目前国内外极力推广和建设的生态工业，其核心也是清洁生产，可以理解为清洁生产在空间上的延伸和扩展。清洁生产的基本原则是源削减，生态工业的前提和本质是清洁生产。经典的清洁生产是在单个企业之内将环境保护延伸到该企业有关的方方面面，而生态工业则是在企业群落的各个企业之间[21]，即在更高的层次和更大的范围内提升和延伸了清洁生产这一环境保护的理念与内涵。

从上述的分析可以得出，在目前的污染防治理论与实践中，"清洁"作为一种先进的环保理念，以其在对污染产生的全过程控制的优点逐渐被广泛接纳，其应用范围也逐渐扩展，从最初的工业生产领域，逐渐扩展到农业生产领域，以及生态工业领域，从而为更大范围内的污染防治提供了途径。结合污染新形势和新要求，如何将清洁生产污染防控理念引入到流域这一污染治理的最佳单元，是流域水污染防治规划研究中值得探讨的问题。

1.3.2　以总量控制为目标的流域水污染防治规划

目前与流域污染防控相关的规划主要有流域水资源保护规划、水污染防治规划以及水环境保护规划等。这些规划的目标基本一致，即维持流域内水体水质的良好。核心内容基本以流域水质管理为目标，优化和调整流域内生产生活活动，将污染负荷控制在一定的管理目标内[7]。这些规划的关注点均集中在点源污染负荷量和纳污能力计算、削减量分配方法、环境治理工程的布设等方面。

1.3.2.1 国外水污染治理规划进展

(1) 水污染治理规划重点的变化。世界范围内水污染治理规划的重点大致经历了以下三个阶段的变化:

一是点源控制和浓度控制为重点的阶段。20 世纪 50 年代，最初的水污染治理规划侧重于点源控制和浓度控制，主要是对工业点源污染执行污染物浓度控制，这与当时污染物排放总量相对较小及经济社会发展水平密切相关。

二是浓度控制与总量控制并重的阶段。20 世纪 60 年代环境污染控制已由单纯的排污口治理进入到综合防治的新阶段，随着排入水体污染物的增多及人们生活水平的提高，浓度控制已难以有效扭转水环境污染局势。在这一背景下，日本于 20 世纪 60 年代末提出了基于水环境容量的总量控制概念，认为只有在浓度控制的同时对水体污染物排放总量进行控制，才能有效消除浓度排放标准与水环境质量标准之间脱节和矛盾的现象[22-23]，并在制定琵琶湖、濑户内海和东京湾等区域的水质保护计划时采用了区域污染物总量控制的方法[24-25]，70 年代中后期开始，各国开始转向用流域方法控制水质，如欧洲国家制定的莱茵河行动计划 (1986 年)[26-27]，美国的流域水质规划等。其中，美国的 TMDL 计划 (日最大负荷总量计划) 是最具代表性的水质规划[28-30]。目前总量控制已经成为一种水环境管理战略和制定水污染治理规划的指导思想而被研究者和决策制定者所认可[31]。

三是点源与非点源联合控制的阶段。20 世纪 70 年代以来，发达国家的污染控制经验表明，在点源污染 (城市生活污水和工业废水等为代表) 逐步得到有效控制之后，非点源污染 (农村非点源污染为代表) 已经成为水环境污染的最主要来源。据国外学者研究，在点源污染被全面控制 (达到零排放) 的前提下，海域、江河、湖泊水质的达标率仍仅为 78%、65% 和 42%。美国环境保护署将农村非点源污染列为全美河流和湖泊的第一污染源[32-33]。因此，如何在对点源污染进行控制的过程中有效纳入非点源污染防治途径成为当前流域和区域污染控制领域亟须解决的重要问题[34-35]。为保障水生态安全，如何在流域水环境保护规划中将非点源污染合理的纳入到污染物容量总量控制体系中是环境保护研究的新热点和新趋势。

(2) 以总量控制为重点的水污染防治规划和战略措施。

1) 日本。20 世纪 60 年代末，日本为改善水和大气环境质量状况，提出了闭合水域污染物总量控制问题[36-38]，于 1973 年《濑户内海环境保护临时措施法》中首次应用，并于 1978 年在《水质污染防止法》中将总量控制制度化[39]，东京湾、伊势湾等流域也实施了总量控制计划[40]。1979年，日本内阁确定了有关水污染物总量控制的基本方法、方针及年度目标削减量等[41]。1984 年，日本将第一个水污染总量控制规划运用于污染治理，并以五年为周期制定了水质总量控制目标与实施措施，水环境质量得到明显改善[42-43]。特别是在 1989 年，在考虑污水治理技术水平、产业动向、下水道管网整备等条件，进行了第二次总量控制，将氨氮和磷纳入到总量控制指标中，至 2009 年，日本工业 COD 排放量削减明显，在东京湾地区和濑户内海地区实现了总量减半的目标。

2）美国。1972 年，美国在《清洁水法》中提出污染物最大日负荷量 TMDL（Total Maximum Daily Loads）计划，是目前最具代表性的污染物总量控制的流域水质规划理论[44-45]。TMDL 是指某一河段或流域在满足水质标准的前提下，水体能容纳某种污染物（包括点源和非点源）的最大日负荷量，同时考虑安全临界值和季节性差异，并采取相应措施以保证水质达标[46]。TMDL 的目标是识别受损水体所对应的控制单元的污染状况，在此基础上对单元内点源和非点源排放提出总量控制措施，其核心思想是对污染负荷-水质输入响应关系进行定量化表征，通过开展目标可控的管理情景分析，以实现成本效益的最大化[47]。自实施以来，TMDL 计划逐步形成了一套完整的总量控制策略与技术方法体系，为美国各州水质改善起到了良好促进作用，到 1982 年，全美范围内点源污染基本通过这一技术的实施而得到有效控制。但由于当时对非点源污染重视程度不够，致使美国仍有大量水体难以实现预期水质目标，在这一形势下，美国环保署开始实施包括非点源在内的受损水体 TMDL 计划[48-49]。因此，TMDL 计划的发展也经历了规划类型由点源主导型转向非点源主导型或点源与非点源并重，规划对象由单一河段型转向流域型，规划目标由单一污染物转向污染物组合型，规划方法由单一水质模型转向较为复杂的综合水质模型的阶段[50-51]。

TMDL 计划包含的具体内容和步骤可以概括如图 1.3 所示[52]。

TMDL 计划中最大允许污染负荷是根据水体具体用途确定的，也就是将水质指标值转换为允许排放量。在此基础上，将污染物允许排放负荷在点源和非点源之间分配，最基本的计算公式为

$$TMDL = WLA + LA + BL + MOS \tag{1.1}$$

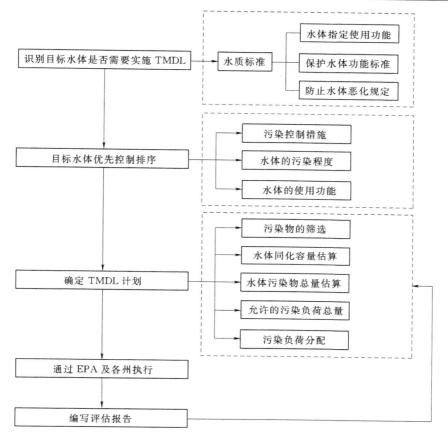

图 1.3 美国 TMDL 计划内容和实施步骤

式中：WLA 为允许点源污染负荷；LA 为允许非点源污染负荷；BL 为水体自然背景负荷；MOS 为安全临界值，也就是污染物负荷与受纳水体水质之间关系的不确定性系数。

在确定点源和非点源削减量的基础上，结合所研究流域内的自然地理特征、经济社会发展水平以及污染治理迫切程度等，在国家法律法规的框架下，确定流域水污染负荷控制和削减的各项措施，包括 BMPs、行政法规、教育培训、经济刺激手段等一系列工程和非工程措施。目前，美国环保署为进一步提高环境和水体质量，鼓励各州对受损水体开展了大量的 TMDL 计划，由于 TMDL 计划在点源和非点源污染综合控制方面成效显著，目前在整个美国已得到广泛实施，自 2001 年以来，TMDL 计划的数目不断激增[53]。

3）欧盟。20 世纪 70 年代以来，为有效缓解甚至消除人类活动对水体负面影响、保障良好的居住环境，欧盟相继出台了一系列的水污染防治政策和措施，其中，最主要的政策包括 1976 年颁布的《游泳水指令》及《控制特定危险物质排放污染水体指令》、1980 年的《饮用水指令》；而 1990 年以后，欧盟水环境管理中更加注重从源头控制市政用水、农业退水等，并于 1991 年颁布《市政污水处理指令》以及《硝酸盐指令》，要求各成员国分批建立污水收集和处理系统，划定硝酸盐敏感区域，并结合土地实际需求施用硝酸盐肥料，鼓励农民采用最佳农业实践的耕作方式。然而，在这一系列的措施下，水环境改善工作并没有取得预期成效，欧洲议会和理事会在 2000 年颁布了《水框架指令》（WFD），规定了事实污染物总量控制的水污染防治策略[54]。其核心思想是通过点、面污染联合治理，使欧盟各成员国所有水体的水质达到良好状况，并提出了将水质管理与排放管理相结合的污染防治方法。欧盟各成员国需根据 WFD 指令原则制定本国的水污染物总量控制目标。水污染物总量控制目标可以基于 BAT（最佳适用技术）制定[55]。目前，丹麦、英国和芬兰根据不同地区的水质标准制定了水污染物总量控制目标；奥地利、法国和德国根据 BAT 按行业制定水污染物总量控制目标；比利时和意大利根据 BAT 制定统一的水污染物总量控制目标；瑞典、罗马尼亚、波兰等国家也相继确定水污染物总量控制目标，取得了良好的水质改善成效。欧盟水污染控制技术体系的实质是一种基于最佳适用技术的总量控制方法和措施[56-58]。

1.3.2.2　国内进展

我国污染负荷总量控制的探索和实践始于 20 世纪 70 年代末，以松花江流域 BOD 总量控制为标志。这一时期对污染物总量控制相关的研究集中在水环境容量、水环境承载力、水质模型等方面[8]，基本属于污染物总量控制的摸索阶段。"七五"期间，水力学、水质模型的研究迅猛发展，容量总量理论向系统化和实用化发展，内容涉及河流、湖泊、河口、海湾及近岸海域等水域，研究对象包括耗氧有机物、重金属、氮磷和石油等，水质模型等得到了更迅速的开发与应用，编写了容量总量计算、总量控制等手册及技术规范，提出了容量总量控制、目标总量控制、行业总量控制三种总量控制的概念，此阶段容量总量控制在深度和广度上都得到了迅速的发展，进入了污染物总量控制的初步实践阶段。"八五"期间，国家及地方对流域污染物总量控制开展了相关法律法规和控制策略的研究，如《水环境综合整治规划技术纲要》《淮河流域水污染防治规划和"九五"计划》等，对排污许可制度进行了研究，划分了水环境功能区，提出了水体分区分级保护理念。"九五""十五"和"十一五"期间，COD和氨氮被正式列为总量控制考核指标，开展了我国地表水环境容量的核定工作，进入了水质管理的全面深化阶段[59-60]，开展了大量水污染物总量控制目标的研究，一些重点流域、湖泊、重大水利工程和海域的"九五"和"十五"水污染防治规划相继制定和实施。值得注意的是，我国目前水污染控制规划中的总量控制主要为目标总量控制模式，控制指标多为COD和氨氮，对水生态环境指标关注较少，工业污染与城镇生活污染等点源污染是主要污染控制和削减对象。经过三个五年计划的实施，工业污染从总量上得到了控制，并呈现下降趋势，然而由于现行的目标总量控制水质管理方法并没有在真正意义上将流域水质目标与控制污染物排放措施紧密联系起来，因此尚存一定缺陷，且不能真正满足水污染防治内在需求。

除了国家层面开展的流域水污染规划研究，相关学者在严峻的水质水环境污染形势的推动下开展了以污染物总量控制为目标的流域规划研究。朱继业等以仪征市为例研究了城市水环境非点源污染总量控制，将市区按$500m \times 500m$一共划分为60个网格，计算每个网格单位面积地表累积物中的COD含量，据此计算出研究区非点源COD的总负荷量，进而提出了研究区的非点源污染总量控制方案[61]。田卫等采用逆推法，估算了浑江吉林省段COD_{Cr}和挥发酚的水环境容量及污染物最大排放量，并分别对两项污染物提出了总量控制目标[62]。张秀敏等以抚仙湖流域为对象，根据抚仙湖主要环境问题，提出了主要入湖污染物的总量控制目标[63-64]。颜昌宙等以控制博斯腾湖盐污染、有机污染和防止富营养化为目的，分区分段提出了焉耆盆地主要水污染物的总量控制目标，并进行了投资和目标可达性分析[65]。梁博等对密云水库的非点源污染进行了分类核算，采用贡献削减排放量的方法确定了非点源污染负荷在不同污染源间的削减量，提出了密云水库流域非点源控制管理措施的建议，主张从源头上进行控制，并改变土地利用方式，以遏制富营养化，实现密云水库水质的良好状况[66-67]。孟伟等在参考美国TMDL计划的基础上，以保持水生态系统健康为目标，构建了流域水质目标管理技术体系，并对相关的关键技术进行了深入的分析和探讨，包括如何建立水质标准体系、如何构建水环境生态分区和水污染控制单元划分方法、如何计算实际和允许负荷量及污染负荷合理分配等，为我国流域水质水环境管理目标的实现提供了有益借鉴[68-69]。

此外，在小流域水污染防治规划方面，目前相关学者也开展了一些研究。黄凯等在界定小流域概念的基础上，将流域分析方法引入到小流域水环境规划中，初步建立了遵循污染物在小流域中的运移规律的典型小流域水环境规划方法框架，从污染负荷产生源头-途径-末端-汇的角度统筹考虑污染治理措施，并以云南省寻甸县牛栏江小流域为例进行了小流域水污染防治规划[70]。帅红等在对华南地区小流域水环境污染现状、趋势分析的基础上，提出小流域水污染规划是解决华南地区小流域污染问题的重要途径之一；并结合华南地区小流域自身实际，提出了符合华南地区小流域的水污染控制规划方法[71]。

通过对目前相关文献的调研和梳理，可以发现我国的污染物总量控制研究较好地解决了点源排放总量和环境目标之间的定量关系，对非点源污染源总量控制的研究有一定成果，但研究尚不够深入，难以满足目前水污染防治中对非点源污染治理的要求，尤其是非点源污染削减分配及定量控制方面有待进一步深入。且流域水污染防治规划基本以大流域为对象，针对小流域开展的水质水污染防治规划很少，如何结合小流域自身特点及其在污染治理中的优势进行小流域水污染防治规划是需要深入研究的课题。

1.3.3　流域水污染防治规划分区研究

在流域水污染防治规划领域，常通过分区的方式，对流域进行划分，以提高污染物管理的针对性。水污染防治规划分区概念来源于美国的水质规划，通常将规划分区称作"控制单元"[72]，并以控制单元为基本单位提出相应的污染排放浓度和总量控制措施，最终达到恢复和维护流域水质目标[73]。基于控制单元的流域水污染防治分区管理已经成为目前国际趋势。在我国，控制单元的概念在"六五""七五"时期开展水环境容量与总量控制技术研究期间最早提出，并在淮河流域水污染防治"九五"规划的编制中首先得以应用，提出了规划区、控制区、控制单元三级分区管理概念，建立了以控制单元为最小单元的流域水污染分区防治的管理雏形[73-76]。对流域进行多级分区，目的是将复杂的流域水环境问题分解到各控制单元内，将污染负荷削减的目标和任务逐级细化，进而实现整个流域水环境质量的持续改善。

1.3.3.1　分区方法

（1）聚类分析方法。聚类分析方法是分区分类中最基本的方法，经常与其他方法结合运用，常见的聚类分析方法包括系统聚类法、模糊聚类法、灰色聚类法等，在水污染防治规划中也有不少应用。张淑荣及傅伯杰等运用系统聚类方法将于桥水库 28 个子流域分为四类污染控制类型区，并分析了各个类型区的生态环境特征，筛选出农业非点源磷主要影响因子，进而提出相应污染负荷控制措施[77]。戴晓燕等以 GIS 空间分析功能为依托，运用空间聚类中的 K -均值法作为分区方法，对上海市青浦区内的水系污染状况进行了聚类分区，为研究区非点源污染防控提供了支撑[78]。尹福祥等将模糊聚类的方法引入水体污染控制分区中，扩宽了该方法的应用范围，同时也丰富了水污染防治分区方法体系[79]。

（2）层次分析法。由于计算简便、且能充分反映决策者主观意志，层次分析法目前是各类规划分区和评价中应用较为广泛的方法。该方法在规划分区中的应用一般需要建立分区的指标体系，通过专家打分的方式确定各指标权重，进而得到分区结果。王东等结合我国在水污染控制单元划分存在的问题，如主观性较强、划分依据不足、划分方法不成体系等，从控制断面选取、排污去向确定、水系概化以及控制单元命名等四个角度建立了面向流域水环境管理的控制单元，并成功运用于湟水流域[80]。

（3）地图叠置法。地图叠置法是目前区划研究中应用较为广泛的方法，尤其是随着 GIS、RS 等技术的不断发展，地图叠置法的优势越发明显，是今后规划分区中发展的趋势。但是该方法一般与其他方法共同使用，如聚类分析法、层次分析法、空间多准则评价模型等。北京市生态清洁小流域建设分区中，从非点源污染、土壤侵蚀、水源保护区、地质灾害以及人类活动五个准则层建立指标体系，采用层次分析法赋予各指标权重，在 GIS 的支持下，对各准则层在空间上进行叠加，进而获得流域内不同计算网格的综合评分值，最后采用空间多准则评价模型将流域分为生态修护区、生态治理区和生态保护区[81]；金陶陶在松花江流域水污染防治规划分区的研究中，首先在自然生态背景、水环境压力、水环境状态以及水环境响应四个方面建立了分区的指标体系，并应用层次分析法对各指标赋予了权重，在此基础上，应用 GIS 软件对各指标在流域范围内进行叠加，再对叠加后的结果进行聚类，从而得到分区结果[82]。李法云等以 GIS 为支撑技术，在对辽河流域水热比、径流深、数字高程、多年归一化植被指数和水文地质等自然因素、河流水环境因子及水生生物指标的典型相关分析的基础上，建立了辽河流域水生态一级分区和二级分区指标体系[83]。

(4) 主导因素法。王晶晶等在建立水环境综合区划的指标体系的基础上，借助 GIS 工具和 DEM 数据，采用主导因素法和空间叠置法，对小江流域的水环境进行了综合区划，将其划分为 3 个一级区和 8 个二级区，并针对各区域不同特点和污染治理需求，提出相应的治理措施[84]。

值得注意的是，这些分区方法一般不单独使用，而是相互结合使用，如层次分析法经常作为赋予指标权重的方法，与主观因素法、聚类分析法进行结合，地图叠置法中通常结合运用多种方法，综合考虑各种因素，从而实现规划者不同的污染控制分区目的。

1.3.3.2 分区表示方法

根据不同的管理模式和划分依据，目前水污染控制分区和控制单元的表示方式主要可以概括为三大类，即基于水文单元的分区、基于行政区的分区、基于水生态区的分区。

(1) 基于水文单元的分区。基于水文单元的水污染控制分区方式充分考虑了污染物尤其是非点源污染在流域内的迁移转化规律，能较好地对污染物进行控制，是目前水质管理规划中最常见的分区结果表示方式。目前多数发达国家在水质管理规划中均采用水文分区（流域）的方法。鉴于水污染问题的复杂性，美国联邦环保署一直以来推荐利用水文单元地图系统作为水污染治理分区的基础，由于水文单元能够反映污染物的迁移转化规律，EPA 建议由此来确定水质规划的合理地理范围。水文单元地图系统[85]由美国地质勘测局（USGS）绘制，最初的水文单元地图系统将全美划分为 4 个等级，共 2150 个水文单元或子流域，并分配给每个水文单元唯一的水利单元编码（HUC）。20 世纪 80 年代中后期，在点源污染逐渐得到有效控制的背景下，水质管理规划逐渐开始注重流域分析的方法，同时也逐渐将水文单元作为水质规划和管理的最基本单元。随着研究的深入以及地理信息系统技术的发展，美国联邦地理数据委员会（FGDC）在 2004 年公布了《描述水利单元边界的联邦标准》，并在原有研究的基础上，建立了包括 6 个等级的流域边界数据库（WBD），为全美范围内流域水质规划的编织提供了基础数据技术平台[85]。

以水文单元为基础对流域水污染进行防控在我国也比较常见。张利文等[86]采用对河流分段的方式对黄河包头段污染物容量进行了研究；王夏晖等[87]以研究区内水系特征为主，结合农业污染源主要污染物空间排放特征和排放强度分析，划分了于桥水库农业非点源污染空间管理分区，提高了污染物总量控制方案的针对性。

（2）基于行政区的分区。基于行政区的水质管理分区方式由来已久，操作简单、易于落实是这种水质管理分区方式的显著优点。行政区是流域水污染防治规划任务承担和落实的主体，以行政区作为水污染规划分区有利于明确污染削减责任，保障污染治理措施的落实。目前按行政区进行污染控制的分区在我国大尺度流域的水污染防治规划中较为常见，如近期发布的《黄河中上游流域水污染防治规划（2011—2015 年）》以及《重点流域水污染防治规划（2011—2015 年）》中污染控制单元划分基本是以行政区划为主[88]。

虽然在流域水污染防治规划中基于行政区实施水质管理能够有效的明确水污染排放责任，有利于将削减目标和任务分配落实，但需要指出的是，行政区与流域的自然边界并非完全重合以及行政区划自身的分级管理体系，因此，以行政区作为水污染控制的分区方式忽略了流域水文循环的整体性，进而不可避免地产生水质管理问题[89]。如，以行政区单元为基础管理方法，造成流域内水体的上下游、左右岸以及各行政区之间的矛盾突出，同时，从行政管理上将一个完整的流域人为分开，缺乏充分科学的依据，不利于水质水环境统一规划和统筹管理。

（3）基于水生态的分区。水生态分区是目前流域分区中的热点。其以流域内的不同空间尺度的水生态系统为研究对象，结合河流生态学中的空间尺度与生态格局等原理和方法，对水体及其汇水区域的陆地所进行的区域划分，以提高对水生态系统进行保障的针对性[90-91]。其目的是反映流域内的不同尺度的水生态系统的分布格局。自 20 世纪 80 年代中期美国环保局（EPA）依据 Omermik（1987）提出了水生态区的概念和划分方法，基于地形、土壤、自然植被和土地利用等区域特征性指标提出了流域水生态分区的概念和方法之后，水生态分区的体系被广泛用于各研究领域。如流域水污染防治规划、水环境监测网点的设计、评估和量化地表淡水的参照条件、制定流域水环境生物基准以及水环境化学标准、提供水生态环境监测数据并帮助管理者确定需要优先监测、治理、保护和恢复的区域[92-93]。流域水生态分区的过程需要更多地考虑流域水生态系统类型与自然影响因素之间的因果关系，通过不同空间尺度下的气候、水文以及地形地貌类型等要素来反映流域水生态系统的基本特征[94]。

在我国，流域水生态分区的研究还在探索阶段，孟伟院士首先对流域水生态分区的概念和内涵进行了辨析，从理论上对区划方法进行了研究，提出了基于水生态区的流域水环境管理技术支撑体系[67]，并通过对案例区辽河流域的自然要素以及水生态特征的分析，构建了辽河流域包括二级生态区的流域水生态分区体系，其中一级区可根据流域水资源空间特征差异进行划分，其目的是反映大尺度水文格局对水生态系统的影响规律，二级区根据地貌、植被、土壤和土地利用等自然要素进行划分[95]。分区方法为多指标叠加分析法和专家判断方法，并借助 GIS 技术支持[96]。除此之外，我国多位学者对水生态分区进行了研究[82,95,97]。在分区指标体系、分区方法等方面取得了较大进展，同时也有一些学者将水生态分区作为水污染治理的控制单元进行了研究，如张蕾[98]根据地形地貌、水文水质、气象、植被、水资源分布状况及社会经济状况等资料，建立了一、二、三级水生态功能分区的指标体系，在此基础上进行了东辽河流域污染控制方案的研究；刘星才等[99]对辽河的水污染防治研究中也构建了基于水生态分区的方法来划定控制单元进而进行水污染防治的研究。

通过对目前流域水质管理及水污染防治规划分区研究的总结，可以发现目前的研究多从单个角度进行水污染控制的分区，而实际上，由于水污染防治工作的落实需要多个部门共同参与，各部门在污染治理中的职责分工、对污染削减的关注角度均有所不同，因此，在流域水污染治理规划中不仅要考虑多级的分区，同时要对分区的多角度性进行考虑，以为各部门发挥更好的作用奠定基础。

1.3.4　污染负荷总量分配研究

污染负荷分配是实施污染物总量控制的核心问题[100]。我国目前的污染物总量控制采取层层分级的方式，可分为国家层次、流域层次和区域层次。国家层面的总量分配主要为目标总量控制，体现的是国家在一定时期内对某种污染物进行控制的战略意志，在这一战略布局下，各流域和区域结合自身实际，进行目标总量控制或容量总量控制。流域水污染防治规划中的污染负荷分配可能通过环境容量分配、允许排污量分配、污染物削减量分配以及排污权初始分配等方式来表达，虽然表达方式有差异，但本质基本相同，即在遵循一定分配原则的前提下，采取相应分配方法，将利用环境资源的权利以及削减污染物的义务分配到流域内各排污口、排污主体或者不同污染源。

1.3.4.1 分配原则

流域污染负荷削减量分配基本上遵循以下三个原则：

（1）公平原则。污染负荷总量分配方法中的公平原则实际上是承认排污主体在环境容量方面享有相同的权利，承担相同的负荷削减任务。但是，由于不同研究者对公平的认识和理解不同，所选取的体现公平的指标也不同，评价结果也有很大差异。遵循公平原则的污染负荷削减方法主要包括等比例分配法、贡献率分配法、基尼系数法等。由于操作方便，比例分配法和贡献率分配法是常用的两种方法。

（2）效率原则。污染负荷削减分配的效率原则一般以不同排污主体、污染源污染治理投入费用、削减效果、社会效益等为考虑因素，通过选取数学优化模型和方法，将污染负荷削减量在排污主体或者污染源之间进行分配。基于效率原则的污染负荷削减分配方法能够充分发挥污染治理水平高的排污主体以及减污效果好的措施的优势，在一定的污染治理费用下达到良好的污染控制和削减效果，但是其过多强调了经济效益，而忽略了社会因素，可能造成治污水平较高的排污主体被分配了较大的负荷削减任务，进而挫伤积极性。遵循效率原则的方法主要包括最小费用法及边际费用最小法等。

（3）公平与效率兼顾原则。单独使用公平原则和效率原则对污染负荷削减量进行分配，得到措施方案可能真正难以实施。公平和效率兼顾的原则是研究者和管理者广泛应用的原则。基于公平和效率兼顾原则的方法一般能够将经济、社会、环境等因素统筹考虑，由此制定的污染削减分配结果更容易被接受。同时，正是因为这一原则需要考虑的因素众多，需要的数据众多，且计算复杂，协调难度大，因此在实际中的操作性不强。

1.3.4.2 分配方法

如何选择合理的污染物总量分配方法是污染物总量控制中的关键问题。由于各国总量管理需求和实践方式的差异，水污染物总量分配技术研究的侧重点及所遵循的原则也各不相同。如美国、日本、欧盟等的水污染物总量分配技术研究多是在效率原则的指导下，借助经济优化模型和方法，建立污染物削减的成本费用最优化数学模型，进而分析如何将一定水质目标下特定污染物允许排放量优化分配到各污染源[101,103]。

国内开展的关于总量分配技术方法一般是以水环境容量或污染物目标

总量控制为基础，在污染分配原则的指导下，建立分配方法，将污染物总量（容量总量或目标总量）分配到流域内的排污主体或者污染源。通过对相关文献的梳理，目前在流域水污染负荷削减分配领域常用的方法可以概括为以下几类：

（1）等比例分配法。等比例分配法是指排污主体以现状排污量为基础，按相同的比例分配允许排污量[77]。实质上是一种基于公平原则的方法，其核心观点为流域内的排污主体享受环境容量的权利和承担削减任务的义务是平等的。等比例分配法的基本计算公式为

$$R = (P - M)/P$$
$$\Delta P = RP \tag{1.2}$$

式中：R 为各污染源或排污主体污染负荷削减率；P 为现状排污量；M 为水体环境容量或纳污能力；ΔP 为削减排污量。

李家科将等比例分配法应用到博斯腾湖，建立了水环境容量计算模型对博斯腾湖不同来水频率下的 TN、TP 水环境容量，采用等比例分配将允许排放量在流域内进行了分配，并将分配结果与多级分解协调方法、优化治理投资费用的结果进行比较[102]；袁辉等在对 2010 年三峡库区 COD、氨氮排放量进行预测的基础上，采用等比例分配法将允许排放量在各个沿江区县间进行分配，据此提出了三峡库区重庆段的水质水环境保护目标和措施方案[103]；徐华山将等比例分配方法应用于漳卫南运河流域的点源氨氮削减分配中，在采用基尼系数法对污染负荷削减量进行一次分配的基础上，采用等比例削减法对各行政区内的氨氮削减量进一步分配到各排污口[104]；刘巧玲等对传统的等比例分配方法进行了改进，在考虑流域内不同地区在污染物结构减排、工程减排和环境质量状况等方面的差异的基础上，构建了基于熵权法的体现区域差异的"改进的等比例分配方法"，并以我国省级行政区间 COD 削减量分配为例进行了实证研究，结果表明该方法不仅体现了污染负荷削减的公平性，同时也体现了各地区的差异性[105]。

贡献率分配法是等比例分配方法中的一种。是在等比例分配法的基础上，考虑各排污主体或污染源对污染负荷占总负荷的比例，比例越大，削减量也越大。等比例分配方法的优点是简单直观、执行方便，是流域或者区域污染负荷削减量分配中的常用方法。但由于其忽略了各排污主体治污水平和边际效益，据此方法制定的分配方案可能无法实现良好的经济效益

和社会效益。

（2）基尼系数法。基尼系数法也是一种基于公平原则的污染负荷削减量分配方法，在污染负荷削减分配中应用也较为广泛。基尼系数是收入公平性评价中广泛认可的指标，由于基尼系数能够体现分配结果的公平性，吴悦颖等将其应用于流域内水污染总量分配的研究中，绘制了影响污染负荷分配的各因素与主要污染物的洛伦茨曲线，进而实现对分配结果合理性的评估[106]。徐华山针对传统的基尼系数法基本为单项基尼系数法的不足，对该方法进行了改进，在绘制单项指标洛伦茨曲线的基础上，引入模糊优选和熵权值法，构建了多维基尼系数分配模型，在漳卫南运河流域点源氨氮污染负荷的分配中进行运用，取得了较好的分配结果[104]。阎正坤等将层次分析法和基尼系数法相结合构建了公平和效率兼顾的污染负荷总量分配方法。首先运用层次分析法得到污染负荷总量分配初次结果，为使分配结果既能体现公平性，又能兼顾流域内各行政区间经济水平的差异，采用基尼系数法对初次分配结果进行调整，调整所选取的指标为人口、GDP 和地表水资源量[107]。秦迪岚等在 GIS 的支撑下，对基尼系数方法进行了改进。从社会、经济和自然资源系统的整体效益出发，构建了基于基尼系数的水污染负荷公平分配评价指标体系，并且以贡献系数作为判断不公平因子的依据，结合 GIS 技术分析洞庭湖区不公平因子分布的空间差异性；利用基尼系数最小化模型，制订了洞庭湖区基于公平性的水污染物总量分配方案[108]。

（3）层次分析法。层次分析法（AHP）在流域水污染防治规划中的多个关键环节均有应用，如在规划分区中的应用，在污染负荷总量分配中的应用等。其基本计算模式为：首先构建影响污染负荷总量分配的指标体系，在此基础上，通过专家打分的方式构建判断矩阵，并判断是否能通过一致性检验，进而确定各指标的权重，作为污染负荷总量分配的基础。何冰等[109]、幸娅等[110]将 AHP 引入到区域污染物负荷总量分配实践，通过构建污染物允许排放量分配的层次指标体系，对允许排放量进行了分配，进而得出各区的污染负荷削减量，丰富了污染负荷总量控制分配方法体系。在此基础上，李如忠等[111]将 AHP 方法引入到区域 COD 总量分配中，设计出了一种定性与定量相结合描述判断矩阵的多指标决策的排污总量分配层次结构模型，并通过专家打分的方式确定了指标体系中各指标权重，在此基础上，对合肥市的 COD 总量分配为例进行了实例研究，得到了较为理想的分配结果。孙秀喜等[112]将该方法引入到河道污染物总量分配中，也得出该方法分配结果相对等比例和一般规划优化方法所得到的结论更为合理。梅永进等将层次分析法应用于福建省沙溪水污染负荷总量分配中，构建了影响各分区分配量的指标体系和判断矩阵，进而得出各分区对于区域水环境容量的权重，作为各分区污染负荷总量的分配依据[113]。

从对相关文献的总结可知，AHP 方法在污染负荷总量分配中优势明显，通过构建分配指标体系的方式，将不同分区内经济社会、生态环境、技术水平等因素的差异性全面考虑，得出的结果更具合理性和可操作性，也比等比例分配法等方法更能体现经济效益、社会效益和生态环境效益的统筹。但是也必须指出，基于 AHP 的污染物总量分配方法构建的指标体系具有较强的主观性，同时由于各层次的指标权重的确定需要专家打分，且层次结构模型中判断矩阵的构造与求解比较复杂困难，造成实际操作性不强。

（4）目标优化方法。目标优化方法包括单目标优化和多目标优化。这两种方法在水污染总量分配中均有应用。单目标优化主要以污染负荷削减量为关键约束条件，考虑污染治理费用最小化；多目标优化除了考虑治理成本费用，同时将污染治理的经济效益、环境效益、生态效益等进行统筹考虑。

尹军等[114]以污染负荷削减量为关键约束，选取适合研究区的各类污染治理措施，结合各类措施的环境治理绩效，建立起污染治理费用最小化的目标函数，并以拉格朗日等方法对目标函数进行求解，得到污染负荷削减分配结果以及污染治理措施的组合方案，结果表明，以污染治理费用最小化为目标制定的负荷削减方案及削减措施方案具有较强的经济技术可行性。为克服单一目标下污染负荷削减分配结果的片面性，王亮等[115]将多目标优化方法引入到污染总量控制研究中，丰富了污染负荷总量控制方法。构建的水污染负荷削减多目标优化模型同时考虑了污染治理社会生产总值的最大化以及新增污染处理费用最小化两个目标，并对构建的模型进行实例研究，结果表明污染负荷削减的多目标优化方法能够克服单一目标过分强调经济效益的缺点，分配结果更容易被各方接受。在此基础上，王有乐等进一步丰富了多目标组合优化方法在污染负荷分配中的应用，将治理投资、运行费用、收益和污染物削减量作为规划目标，在此基础上构建了多目标规划的数学模型对污染负荷削减总量进行了分配。淮斌[116]等进一步将离散规划方法应用到污染负荷削减分配研究中，以此对某滨海新区排海废水污染物总量控制方案进行了优化，并得到了不同削减率下的污染治理措施优化方案。

多目标优化分配方法的优点是兼顾了现行的主流排污要初始分配方法，设计灵活、易于操作，可以较好地贯彻政府的政策和调控目标；其缺点是多个目标的选择和权重的确定较为困难。

此外，随着新技术新方法的发展以及相关软件的不断完善，污染负荷总量分配方法中也涌现了一些新的方法，如信息熵方法[117]、Vague 集方法[118]等，各种方法从不同角度丰富和完善了目前流域污染负荷总量控制体系。同时，目前对污染负荷削减量的分配，大多数研究停留在将污染负荷削减任务分配到流域内的相关行政区，在此基础上进一步将点源污染负荷削减分配到各排污口或排污主体。实际上，为真正实现对水质的有效保障，必须将流域内的点源和非点源污染削减进行统筹考虑，首先需要将污染负荷削减任务在点源和非点源之间进行分配，在此基础上，还应将分配结果在不同的污染源之间进行分配，实现对污染治理任务逐级细化，保障规划的执行效率和实施效果。

1.3.5 存在问题及发展趋势

目前，流域水污染防治规划研究取得了很大进展，为流域水质改善提供了保障和依据，然而随着新的污染特征的出现及对资源环境质量要求的提高，水污染防治规划的研究也暴露出一些不足和局限，主要体现在以下几个方面：

（1）清洁生产的全过程污染防控理念应在水污染防治的最佳单元—小流域层面上进行推广，将这两者结合起来开展的研究尚不多见。实践证明，"清洁生产"是减少甚至消除点源污染的有效途径，如何将清洁生产中污染全过程控制理念融入污染防控尤其是非点源污染防控的最佳管理单元——流域是值得探讨的方向。

（2）非点源污染控制与流域水污染防治规划的污染总量控制脱节。水体水质是流域内点源和非点源污染共同作用的结果，由于非点源污染量大、面广和难以治理的特点，目前流域水污染防治规划对非点源污染进行的定量控制较少。将非点源污染定量控制与流域水体水质目标紧密挂钩是有效保护水环境质量、完善目前流域水污染防治规划的重要方向和热点问题。如何统筹点源与非点源，确定流域水污染物总量控制目标，进而将非点源污染定量控制与流域水体水质目标紧密挂钩是今后研究的重要方向。

（3）水污染防治规划的技术思路主要是自上而下，以小流域为规划单元的自下而上的规划方法尚处于探索阶段。目前水污染防治规划集中在大型流域尺度，对小流域关注较少。由于大型流域水污染防治规划涉及的问题复杂，协调难度大，规划实施效果常常难以实现。小流域作为最基本的汇水单元，保护好每一个小流域也就为更大的流域和区域尺度水质保持良好奠定了基础。因此，如何结合小流域自身特征，设计出有利于水污染防治规划目标落实和任务分解的规划方法是未来的研究重点。

1.4　研究内容和技术路线

1.4.1　研究目标

以解决目前水污染防治实际问题为出发点和落脚点，以流域内水体水质清洁为目标，借鉴清洁生产对污染进行全过程控制的环保策略，研究提出一套以流域水体控制断面水质清洁为核心目标的清洁小流域概念；提出以分区方法、纳污能力计算方法、污染负荷削减二次分配模型为关键支撑的清洁小流域规划方法，扩展清洁生产环保理念的应用范围，丰富和完善我国水污染防治规划体系；以辽宁省大伙房水库水源保护区的六河流域为例进行清洁小流域规划实证研究，为大伙房水库饮用水水质安全以及北方农业生产为主的小流域水污染防治提供有益借鉴。

1.4.2　研究内容

（1）界定清洁小流域的概念。在对目前流域水污染防治规划中存在问题进行总结及对相关文献进行凝练的基础上，借鉴清洁生产中对污染进行全过程防控的理念，提出清洁小流域的概念，界定清洁小流域规划的内涵和内容，分析清洁小流域规划与流域水污染防治规划、小流域综合治理（主要是生态清洁小流域）等相关内容的区别与联系；提出清洁小流域规划目标。

（2）构建基于污染物全过程控制和总量控制的清洁小流域规划方法。

1）构建清洁小流域规划分区方法。拟构建有利于污染负荷层次削减、层层落实的分区方法。根据流域自然空间的功能差异及污染排放空间分布特征，结合土地利用类型、地形等因素，将流域空间按功能差异性、污染负荷特点及防治措施的不同进行分区；并将分区结果与子流域分区及行政区嵌套叠加得到的斑块作为污染削减的最小计算单元，从而形成以子流域作为控制单元，以嵌套叠加斑块作为计算单元的清洁小流域规划分区方法。

2）将水体纳污能力分为点源纳污能力和非点源纳污能力，并提出其计算方法。基于点源和非点源在入河方式等方面的差异，在考虑河流对两者的纳污能力时，设计水文条件应该有所差别，对两者分别选取合适的设计水文条件，从既能有效控制污染，又能充分利用水体纳污能力的角度提出纳污能力计算方法。

3）建立清洁小流域规划的污染削减二次分配模型。在清洁小流域规划分区及纳污能力计算的基础上，一次分配将各控制单元的纳污能力分配到计算单元，从而得到各计算单元的污染负荷削减量；二次分配将各计算单元的负荷削减量进一步分配到污染源，从而构建层层分配、层层落实的清洁小流域规划污染负荷削减体系。

（3）清洁小流域规划实例研究。以辽宁省大伙房饮用水水源保护区的六河为例进行清洁小流域规划的实例研究，为六河流域水质改善提供规划依据，进而为大伙房水库水质的良好提供长效保障。

1.4.3 研究技术路线

首先，在分析目前我国流域水污染防治研究背景和现实需求的基础上，结合清洁生产对污染物进行全过程控制的治污思路，提出"清洁小流域"的概念，试图通过对流域内的点源和非点源进行总量控制来实现水体水质的达标。以此为基础，从规划的角度探讨清洁小流域的实现方式，归纳提出清洁小流域规划的目标、内容、步骤以及规划已有的基础等。结合清洁小流域规划目标，对规划中的重点支撑内容展开研究，包括建立有利于污染负荷削减任务层层落实的规划分区方法、构建能够实现对流域内污染物进行全口径控制的点源和非点源纳污能力计算方法以及污染负荷削减分配方法等，为流域内污染负荷削减的层层落实以及预期水质目标的实现提供依据。最后，从有效保护大伙房水库水质的现实需求出发，以大伙房水库的水源地——六河流域为例，展开清洁小流域规划的实证研究。本研究的技术路线如图1.4所示。

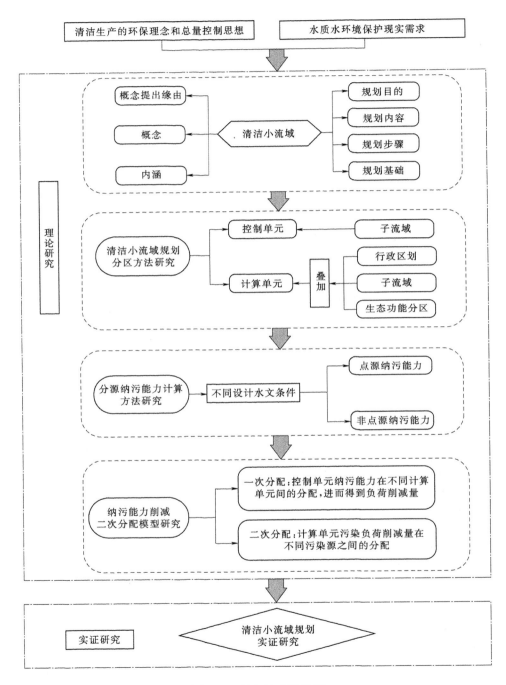

图 1.4　研究技术路线图

第 2 章　清洁小流域的概念及其规划方法

2.1　清洁小流域的概念

2.1.1　概念的提出

本书提出清洁小流域的概念主要基于以下三方面的考虑：

（1）大尺度的流域水污染防治规划预期目标难以实现。流域是最能体现水资源、水生态、水环境综合特性和功能的独立单元，是对水资源进行规划和管理的最佳单元。从水污染物的运移过程而言，河流水系是其迁移的主要途径，而河流水系的汇水区域，也即流域，则分布着污染物的产生源。因此，从自然地理特征和污染物运移规律上分析，流域无疑是进行水污染控制的最佳单元。而流域水污染问题的有效控制必须以经济合理并具有可操作性的流域水污染防治规划做依据。从对我国现有的流域水污染防治规划的梳理情况来看，目前我国的水污染防治规划基本以大尺度流域为规划对象，以重点流域的水污染防治规划作为国家污染治理目标的达成载体和实现途径，以落实国家总量控制目标为出发点，综合考虑流域内涉及的行政区总量削减能力，进行论证和协调，确定总量控制目标和水质考核目标，制定相应的污染削减和控制方案，将污染物削减和治理任务由上而下逐级落实。其技术要点大体包括水质和水环境问题分析、水环境容量核算、水环境压力分析、污染治理措施和政策设计等。然而，由于水体的连贯性以及上下游、左右岸的影响，导致以大尺度流域为对象的水污染防治规划系统过于庞大，计算难度增加，影响规划的准确性和科学性的因素很多，同时整体规划涉及的协调组织关系极为复杂，制约规划的可行性和实施效果，例如我国"十五"和"十一五"期间水污染防治规划实施效果并不乐观，"三河两湖"水污染防治规划的项目完成率和投资落实率均大大低于规划预期。以大尺度流域为对象进行的水污染防治规划逐渐显现出了一些难以克服的弊端，有必要尝试降尺度的水污染防治规划方法研究。

在规划分配和对污染源的控制范围方面，目前的流域水污染防治规划通常以行政区为污染负荷削减的承担主体，规划中对污染负荷的分配主要分配到排污口，而将污染负荷分配到污染源的研究基本停留在将污染负荷分配到点源污染源（工业和城镇生活），对非点源污染削减量和削减方式研究不足，直接导致了流域水污染防治规划中对污染总量的控制难以与流域水体水质改善目标相同步。目前水污染防治规划中对包括畜禽养殖、农村生活、农田径流污染在内的非点源污染虽然有所涉及，但基本停留在定性研究阶段，尚不能满足非点源污染控制中对削减量、削减方式等的需求。因此，为了满足水功能区水质目标要求，保障大江大河水质，不仅需要对流域点源污染实施总量控制，也应将非点源污染纳入到流域污染物总量控制中。目前我国非点源污染较为严重，尤其是在以农业为主的小流域，非点源污染的控制已刻不容缓。

（2）非点源污染控制难度大，以小流域为单位有利于提高污染控制水平。流域，按照面积可分为大流域和小流域。在我国，大流域多指面积超过 20 万 km² 的七大流域。所谓小流域，是一个相对于大流域的概念，目前学术界和实践中尚无统一的划分标准，一般结合研究对象和实际管理需求来确定。在美国，小流域主要指面积小于 1000km² 的流域，而欧洲和日本则将其面积界定为 50～100km²。在我国，小流域通常是指二、三级支流以下以分水岭和下游河道出口断面为界集水面积在 100km² 以下的相对独立和封闭的自然汇水区域。近年来开展的生态清洁小流域建设中所指的小流域基本为 5～30km²，最大不超过 50km² 的集水单元。水利上的小流域通常指面积小于 1000km² 或河道基本上是在一个县域范围内的流域。每个小流域既是一个独立的汇水单元和水土流失单元，同时也是发展农林牧各业的经济单元。目前，我国小流域面源污染较为严重，尤其是小流域内的农业面源污染逐渐成为水环境污染的重要原因。污染来源主要包括农田径流污染、畜禽养殖污染以及生活污染等。治理好每个小流域是我国目前水环境改善的必然要求。为提高实际管理的可操作性，清洁小流域规划中的所指的流域面积既不能太小也不易过大，本研究的小流域规模借鉴水利学的规定，将小流域界定为汇流面积不大于 1000km² 或河道基本上是在一个县域范围内的流域。大流域是由若干个小流域组成，小流域是最基本的径流产生及汇流系统，是污染尤其是非点源污染产生和迁移的基本单元。作为大流域中一个相对独立的单元，小流域的水环境改善是实现大流域水环境目标的基础和前提，任何一个大流域的治理最终将落实到小流域上组织实施。只有将小流域保护好，才能维护大流域良好的生态系统和人居环境，保证入河入库水质。因其地域范围相对较小，涉及的各种经济社会利益关系相对简单、矛盾易于协调，水污染治理的规划较之大型流域具有更强的操作性和针对性，因此，大型流域规划中常见的跨行政区实施难度大、预期效果难以实现等问题在小流域则不明显，这是以小流域为对象进行水污染防治规划的优势所在。从这个层面来说，大流域水污染防治规划需要立足于各个小水系和小流域。

（3）"清洁"环保理念需要进一步扩展。"清洁"本义是指清白，洁净无尘。在生态环境保护领域提到的"清洁"更多强调的是一种环保理念和策略，通常引申为生产和生活对生态环境的无害性，其核心策略是对污染物的全过程控制。例如，清洁生产的内涵从本质上来说，就是对生产过程与产品采取整体预防的环境策略，进而减少或者消除生产活动尤其是工业生产对人类及环境的可能危害，同时充分满足人类需要，使社会经济效益最大化的一种先进生产模式。世界范围内的理论和实践表明，清洁生产的这种前置式的主动的污染防治思路在工业点源治理中取得了良好的经济、社会和环境效益，然而在非点源污染防治中应用的较少，虽然有相关学者开展了一些农业清洁生产的研究，但是关注点基本集中在农业清洁生产的必要性、可行性以及其基本概念等方面，基本上还处于思考和探索阶段，研究还仅仅局限于行业范围内，而未能将对污染的控制与水体水质目标相联系。因此，为有效遏制严峻的非点源污染形势，有必要将"清洁"这一环保理念与污染防治的最适宜单元——流域进行结合，这一方面有助于扩大这一先进环保理念的应用领域，另一方面也有利于丰富和完善现有的流域水污染防治规划体系。

基于上述分析，清洁小流域规划的逻辑思路如图 2.1 所示。

2.1.2　清洁小流域的概念

在上述分析的基础上，为将流域规划中的污染防治与水质改善目标紧密挂钩，必须把非点源污染包括在内，才能够对污染物进行全口径核算和统筹考虑。同时，为提高规划的针对性与可操作性，需要考虑空间降尺度问题，以小流域为单元进行水污染防治规划。基于上述考虑，借鉴流域水污染防治规划的相关概念，本研究提出清洁小流域的概念：以小流域为基本单元，从污染产生的全过程考虑污染防控措施，将全口径污染负荷总量

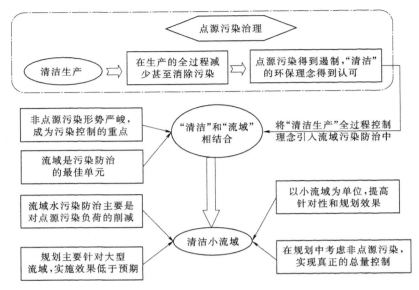

图 2.1　清洁小流域规划的逻辑思路

控制在流域水体纳污能力范围内，使小流域水体水质全面达到水环境保护目标要求。

这里，环境保护目标要求可以是Ⅲ类或优于Ⅲ类地表水水环境标准，需要考虑不同水体的使用功能。根据《国家地表水环境质量标准》的规定：我国目前按照地表水域使用功能及保护目标，对水体进行分级水质管理，将水体划分为 5 大类功能区，并对Ⅰ类到Ⅴ类水体的主要污染物水质标准作了规定。通过对这五类水体的使用功能的对比发现，在这五类水体中，能作为集中式生活饮用水水源地的水体水质必须达到Ⅲ类或优于Ⅲ类地表水水环境标准，而Ⅲ类以下的水体只适合用作工业或农业灌溉用水，不再适合作为生活饮用水水源，也就是说这类水体能够提供给人类饮用方面功能受到很大程度的限制，只适合作为生产生态用水。而清洁小流域规划目标中所谓的"清洁"是从人类生活和饮用水的角度对水体水质水环境的要求为衡量依据，且出于对水资源进行最严格的管理和保护的考虑，本研究中清洁小流域规划所称的清洁的水体是水质达到Ⅲ类或优于Ⅲ类的水体。

清洁小流域的概念包含了三层含义：①清洁小流域的目标是提高资源能源等的利用效率，减少污染物的产生量和排放量。②实现清洁小流域的基本手段是清洁小流域规划，通过对污染负荷削减进行合理分配、源头削减、迁移阻断和末端治理，实现流域水体水质的良好，也就是水体的"清洁"。③清洁小流域的终极目标是保护人类与环境，促进流域内人与自然的和谐相处、经济与社会的可持续发展、生态与环境的良性循环，进而实现小流域山青、水秀、人富的目标，为水生态文明和美丽中国奠定基础。

2.2　清洁小流域规划

在提出清洁小流域概念的基础上，进一步提出清洁小流域的实现途径——清洁小流域规划。清洁小流域规划要实现的目的是水体的清洁，其实质是基于"清洁"环保理念和总量控制的以小流域为对象的流域水污染防治规划，这就需要从宏观和微观层面对流域内生产生活进行统筹安排和合理规划。因此，清洁小流域规划需要在考虑污染负荷的基础上，以流域水体的纳污能力为约束，对流域内人类生产生活活动进行科学合理的优化和调整，以减少流域内污染负荷，将人类生产生活活动对水体水质的影响程度控制在水体水环境容量范围内，进而为流域水体有效改善和人水和谐提供持续保障。

2.2.1　规划目标

清洁小流域规划目的可以分为两个目标层面：

（1）从环境层面来说，清洁小流域规划目标是水质的良好，对于已经规定了预期水质目标的河段，则按预期水质目标进行控制，对于没有明确的水环境保护要求的河段，可以按照《地表水环境质量标准》中规定的Ⅲ类或优于Ⅲ类地表水水环境标准进行控制。河流是流域生态系统的轴心，因而河流水质的良好是流域生态系统健康的基础和前提。另一方面，随着经济社会的快速发展和居民生活水平的不断提高，人们对良好人居环境和清洁水源的需求日益迫切。因此，清洁小流域规划首先要解决的是水环境污染的问题，遏制河流污染严重、水环境质量恶化、生态系统退化的趋势。从这个角度来说，清洁小流域规划要实现的最初级的目标是清洁水体。

（2）从流域整体层面来说，清洁小流域规划目标是实现流域层面的经济-社会-环境的协调发展。流域作为一种复合生态系统，对其进行规划涉及多方面内容，不仅要考虑污染负荷削减的任务，同时要满足流域内经济社会发展的需求。在流域水环境容量约束条件下，实现流域经济社会发展与生态环境保护之间的最佳平衡点，需要结合水体水质目标，选取合适的优化方法及规划方案对流域内人类的生产生活活动进行合理调整，促进流域内生态环境和经济社会协调发展。

2.2.2　规划内容

规划内容是规划目标实现的载体。从规划的目的出发，清洁小流域规划是以小流域为对象，对未来某一时期内的水环境保护目标和规划方案所做出的统筹安排和设计。包括的内容可以分为宏观和微观两个方面：

（1）在宏观层面，由于清洁小流域规划是一种对污染物进行全过程控制和总量控制的流域污染控制新战略，要求在流域内国民经济社会规划中统筹考虑环境因素，将生态环境因素纳入到国民经济决策体系中。从这个角度来说，清洁小流域规划内容包括工业农业发展规划、产业结构调整、技术改造、管理模式的完善、农业畜禽养殖规模、农田种植结构、种植规模、农田布局、耕作方式、化肥农药施用量、灌溉方式、农村生活污染处理措施等的调整和优化等方面。

（2）在微观层面，清洁小流域规划对流域内的工业清洁生产、生态工业、生态农业、农业清洁生产、畜牧业清洁生产进行规划和设计，在整个流域范围内对工业、农业、生活中涉及的物质和能源利用进行科学合理的整合和循环利用，进而实现从微观层面物质循环和能量流动进行科学合理的规划，提高整个流域范围内的物质能源利用效率，减少工业、农业以及生活过程中污染物的产生和排放，进而实现流域水体水质的清洁以及生活环境的良好。

结合上述分析，在考虑时间、精力、物力等方面可行性的基础上，本研究中清洁小流域规划内容、规划方法、规划步骤等主要针对宏观层面，从宏观层面对流域内的污染负荷产生和排放的全过程进行控制和削减，对生产强度和规模进行合理优化，对影响水体水质的点源和非点源污染进行总量控制，以水体水质的良好促进流域内生态环境的改善。

2.2.3　规划方法

具体来说，根据清洁小流域的定义及规划要实现的目标，本研究构建的清洁小流域规划方法主要包括以下三大部分，即清洁小流域规划分区方法研究、分源纳污能力计算方法研究以及分层污染负荷削减模型研究（第3章和第4章是对规划方法的详细研究）。

（1）清洁小流域规划分区方法研究。分区能够提高污染控制的针对性，是目前流域水污染治理规划中常用的方法。清洁小流域规划分区是在流域污染物总量控制的基础上，着眼于流域全局，构建起以流域出口断面水质达标为目标，便于污染治理措施分层落实的清洁小流域规划分区划分方法。首先将流域分成若干控制单元，每个控制单元有各自的水质目标；其次，为进一步将污染削减目标细化落实，需要将控制单元进一步细分为多个次级计算单元。本研究试图构建能够体现不同部门在污染负荷计算和削减等数据统计分析、项目规划设计、工程方案实施与监控、公众参与等方面的差异性，同时又有助于建立多个部门在流域水质改善中的部门联动机制。

（2）清洁小流域规划全口径纳污能力计算方法研究，即点源和非点源纳污能力综合计算方法研究。纳污能力计算是确定污染负荷削减量的基础和关键。由于点源和非点源污染在排放方式和入河途径方面的差异，非点源污染形成和迁移的最直接动力是汛期降雨径流的冲刷和淋溶，也就是说非点源污染一般多在降雨径流较大的汛期形成。与此不同的是，工业、生活废污水等点源污染物的排放在一定时期和一定区域内排放口和排放量一般均比较稳定，和降雨径流没有直接关系。因此，在计算流域水体纳污能力时，也要考虑到点源和非点源污染的排放差异，对纳污能力进行分源（点源和非点源）分别计算。具体来说，点源污染入河量在不同季节间均较为稳定，受降雨和径流影响较小。可以认为在非汛期，进入水体的污染负荷主要为点源污染排放所致，相应的，非汛期的水体纳污能力是以点源污染为主的纳污能力。目前我国很多流域水污染防治规划中均采用这种计算方法，在对点源污染进行控制和削减时或者在点源污染占主导地位的流域，这种方法无疑是合适的。而汛期污染则是点源和非点源污染共同作用的结果。然而，在统筹考虑非点源污染对水质的影响以及在非点源污染占主导地位的流域，以点源污染为主的方法计算水体纳污能力显然是不合适的。清洁小流域规划试图对点源和非点源进行联合控制，因此必须结合非点源排放和入河特点，选取合适的水文条件作为计算非点源污染纳污能力计算的基础。

（3）清洁小流域规划分层污染负荷削减模型研究。在污染负荷削减模型中，不仅要注重对污染物的末端治理，同时要统筹考虑对污染负荷的源头削减和迁移阻断措施；研究提出的污染负荷削减模型分为两层：在第一层次的分配中，污染负荷削减是纳污能力在计算单元之间的分配，确定各控制单元污染负荷削减量；第二层次是计算单元内污染负荷在不同污染源之间的分配。通过污染负荷削减量的两次分配，可建立将污染削减任务逐级分配、分层控制、层层细化，层层衔接的水质管理层次体系。

总体而言，本研究所提出的清洁小流域规划是一种积极的、预防性的流域水污染防治战略，对整个流域内人类生产生活进行全过程控制和调整，对其产生的污染负荷进行总量管理，从根本上解决流域内经济社会发展与环境保护间的矛盾，弥补当前水污染防治规划重视点源而忽视面源的不足。

2.2.4　规划步骤

作为一种流域水质管理规划，清洁小流域规划步骤如下：

（1）流域内污染现状调查。根据实地调研和资料分析，对小流域内污染负荷进行调查评价。非点源污染负荷的统计可以在对小流域内非点源污染物的产生、迁移过程进行实地调查的基础上，将其分为分散畜禽养殖、农田化肥和农村生活三类，计算其产生量、排放量和入河量，并分析筛选造成污染的主要污染源。

（2）水环境现状分析。通过长序列的水质监测结果，结合小流域水功能区划对水质的要求以及其他水质要求，对水质现状进行评价，分析存在的主要问题和需要优先控制的污染物。

（3）小流域规划分区。借鉴目前在水污染防治规划中应用广泛的控制单元的概念，将子流域作为控制单元，每个控制单元有各自的水质目标，以此计算纳污能力；在控制单元的基础上，结合土地利用类型、流域内不同区域内的生态功能的差异、行政区划等对控制单元进行进一步细分，作为污染负荷计算和减污措施落实的最小单元。

（4）污染负荷趋势预测。在对现状污染负荷及水质现状进行调查、评价与分析的基础上，结合流域经济社会发展趋势预测，通过综合分析和一定的数学模拟手段，如趋势外推法、回归分析法和系统动力学法等方法[119]，对小流域污染负荷进行预测。

（5）全口径纳污能力计算。清洁小流域规划区别于以往水污染防治规划的最主要特征是其对点源和非点源进行联合控制，因此，为确定每个控制单元内的点源和非点源污染负荷削减量，根据点源和非点源污染负荷入河特征，需要选取不同的设计水文条件，对各控制单元的点源和非点源纳污能力进行计算。

（6）污染负荷削减量和削减方案拟订。根据各控制单元的纳污能力、污染负荷预测结果和预期水质目标，提出小流域的污染物总量控制目标，根据这一目标确定污染负荷削减量，从源头、过程、末端的角度对流域内人类生产生活活动进行规划和管理，结合目前各类工程和非工程措施的污染治理效果和成本投入、技术水平等研究成果，合理安排污染削减措施[120]，在不同控制单元以及不同的污染源之间分配污染负荷削减量。

（7）提出清洁小流域规划方案及综合保障措施。

2.2.5　与相关研究的区别

从本质上来说，清洁小流域规划是对流域内水污染进行防治，以实现良好的水质目标，是一种水质管理规划，与目前的流域水污染防治规划类似，但是也有不同之处[7]。清洁小流域规划和流域水污染防治规划类似，都是为了解决流域水质问题，实现水资源可持续利用。但是两者也有差异。首先，规划尺度不同。正如前文所述，目前我国开展的水污染防治规划的空间尺度大，所针对的基本是大型流域或重点流域，主要体现的是国家水环境保护的宏观战略意图。清洁小流域规划认为大江大河以及大型流域都是由若干小流域构成，其水污染治理主要依赖于小流域的水体清洁以及经济社会和生态环境的协调发展。因此，清洁小流域规划的规模一般涉及的汇水面积 $1000km^2$ 或主要水系在县域以内的小流域，大大降低了规划空间尺度，提高了对污染尤其是非点源污染的管理和控制水平；其次，控制对象不同。目前开展的水污染防治规划主要规划和削减对象是点源污染，对非点源污染的控制和削减研究较少。为提高流域规划的科学性和实施效果，清洁小流域规划中不仅要考虑点源污染的控制，更重要的是对非点源污染的定量控制进行探索。

从名称上来说，清洁小流域与目前我国正在开展的生态清洁小流域很相似。但生态清洁小流域是传统小流域治理的发展、提高和完善，强调以小流域为单元，统筹规划，通过建立生态环境保护的三道防线，进而搭建起从沟头到沟口、从山顶到沟底的立体水土流失防护体系[121]，其实现途径侧重于环境保护和治理的工程措施，没有构建流域内水体水质与工业污染负荷、农业种养规模等之间的定量关系。清洁小流域规划则以水质保护为中心，以流域内污染负荷的分配和削减（包括非点源污染负荷的定量控制）为途径，以流域水体水环境容量为关键约束条件，调整流域内生产生活活动，最终实现流域内人与自然关系的协调发展。

2.3　清洁小流域规划的基础

2.3.1　理论基础

　　流域是由生态系统和经济社会系统交互影响作用而形成的流域生态经济复合系统。它具有独立的特征和结构，有其自身运动的规律，与系统外部存在着千丝万缕的联系，是一个能够经过调控，优化利用流域内各种资源，形成生态经济合力，产生生态经济功能和效益的开放系统。水污染防治规划涉及众多要素，包含着人口、环境、资源、资金、科技等基本要素，各要素在空间和时间上，以社会需求为动力，通过投入产出渠道，运用科学技术手段有机组合在一起，共同对污染的产生、排放、处理造成影响。因此，清洁小流域规划相关的理论基础有系统论、可持续发展理论、水污染防治理论、水资源保护理论、水生态修复理论、生态经济学理论、景观生态学理论等，见表2.1。

表 2.1　　　　　　　　　　清洁小流域规划的支撑理论

理论名称	支　撑　作　用
系统论	涉及自然地理、经济社会与生态环境关系的复杂系统工程，必须综合分析各部分之间的整体性、关联性、结构性、动态平衡性、时序性等
可持续发展理论	以可持续发展理论指导流域内生产生活活动中的资源和能源利用方式，从而提高资源能源利用效率以及管理效率
水污染防治理论	优先保护饮用水水源，严格控制工业污染、城镇生活污染，防治农业非点源污染
水资源保护理论	包括水质保护和水量保护两个方面，促使流域内的水资源合理高效利用，为清洁小流域的实现提供保障
水生态修复理论	进行流域内生态治理工程建设，预防、控制和减少水环境污染和生态恶化
生态经济学理论	以生态学原理为基础，经济学理论为主导，以人类经济活动为中心，围绕着人类经济与自然生态之间相互发展关系这个中心，研究流域内农业生产生活活动的优化调整
景观生态学理论	景观生态学是以整个景观为研究对象，并着重研究景观中自然资源的异质性。清洁小流域规划的分区要借助该理论深刻分析流域景观的空间结构、功能、流域的异质性及流域受干扰后所发生的变化

除了上述理论外，还有其他能够用于指导清洁小流域建设的理论，如循环经济理论、清洁生产理论等，这些都能为清洁小流域的建设和规划所应用和借鉴，促进流域内人与自然关系的和谐发展。

2.3.2 水质目标确定的基础

基于水体功能对流域水质进行管理是世界范围内较为认可的流域水环境管理制度。具体来说，就是在事先划定水功能区的基础上，确定某一固定河段或流域的水质目标，并在污染负荷总量控制的要求下，对污染负荷削减的工程和非工程措施进行安排，进而实现水功能区管理目标。也就是说，流域水功能区划的重要基石是水功能区划[122]。我国也是如此，《水法》规定我国实行以水体水功能区划为基础的水资源保护基本制度，为保障这一制度的顺利落实，颁布了《全国重要江河湖泊水功能区划（2011—2030年）》，不同的水功能区有不同的水质目标，可以根据水质目标进一步确定纳污能力等，从而为最严格的水资源管理制度及我国水资源保护和水污染治理工作奠定了基础。清洁小流域规划作为一种水污染防治规划，在具体应用过程中，水质目标以水功能区划为基础，结合具体研究区域的功能区划定位对水质水环境的要求，如集中式饮用水水源保护区、自然保护区等因素综合确定[123]。

2.3.3 污染治理措施的基础

目前，流域水污染防治规划措施的研究成果较多，尤其是工业点源污染措施，目前较为接受的点源污染治理方式是在实行清洁生产的基础上，再配以科学合理的末端治理措施。当前，每种工程措施对特定污染物的去除效果、投入费用、技术上限等都有了较为深入的研究。

对于非点源污染，目前应用较多的是BMPs。BMPs研究始于20世纪70年代，由美国最先提出，并在世界各地的非点源污染治理实践中得到完善。BMPs是指为阻止和减少农业非点源污染物的最有效、最可行的措施方案[124]。实践证明，BMPs能适应非点源污染的复杂性特点，已在美国、加拿大等多个国家成功应用[125]。BMPs按内容可分为工程性BMPs和非工程性BMPs。其中，常用的非工程性BMPs包括污染源管理、农业用地管理和城市土地规划管理等；工程性BMPs通常包括非点源污染的迁移阻断和末端治理措施，如人工湿地、植被缓冲区、水陆交错带等。

　　这些污染治理措施的研究为清洁小流域规划措施的选择提供依托和支撑，可以根据研究区的实际状况进行统筹考虑，筛选出适合的点源和非点源污染措施方案。

第3章　清洁小流域规划分区方法研究

　　清洁小流域规划效果的发挥离不开科学合理的规划分区的支撑。规划分区能够克服单一区域水污染防治措施的局限性，提高规划措施的针对性。清洁小流域规划分区方法必须围绕小流域特征以及点源和非点源联合控制的具体需求，构建有利于污染物削减任务层层落实、同时也有利于流域和区域间协调互动的规划分区方法。要实现这一目的，在构建清洁小流域规划分区方法时必须统筹流域内不同区域在自然地理、污染排放、治理需求、污染控制重点、控制标准等方面的不同，便于制定并实施有差异性的水污染削减策略，提高规划实施效果，实现规划的清洁小流域规划的预期水质目标。

3.1　规划分区总体思路

　　本研究以流域内水体水质达标为首要目标，在"流域-区域-控制单元-污染源"[126]这一水环境层次管理理念的指导下，建立分等级、多角度的清洁小流域规划分区方法。清洁小流域规划分区的分等级、多角度具体是指：先将研究对象分为不同控制单元，考虑到子流域分区能够充分考虑污染物尤其是非点源污染的迁移入河特征和规律，因此，以子流域分区作为控制单元，每个控制单元可以根据水体利用和保护的实际要求确定水质目标，并以此计算相应的水域纳污能力，从而为控制单元内的污染负荷削减量的确定奠定基础。在控制单元划定的基础上，进一步将规划对象按照生态功能的差异性进行分区，并将这一分区结果与子流域分区、行政区划图进行叠加，得到叠加斑块，将斑块称作计算单元，它是比控制单元更小的污染负荷计算和削减控制单元，有助于将负荷削减任务逐级细化。

　　基于上述分析，本研究提出的清洁小流域规划分区方法思路如图 3.1 所示。

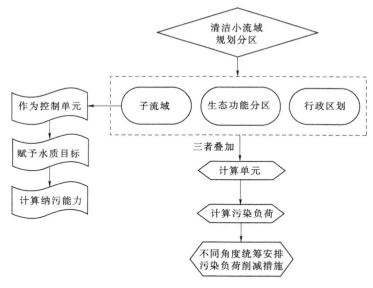

图 3.1　清洁小流域规划分区研究思路

　　本研究"三保区"（后文有详细解释）的提出是为了协调一个流域内生态环境保护和经济社会发展之间的关系，根据流域内不同区域在生态调节功能、产品提供功能与人居保障功能等方面有不同的特征和差异，制定有针对性的污染负荷削减策略。这在理念上与我国正在实施的主体功能区划有相似之处。主体功能区是为了规范空间开发秩序，形成合理的空间开发结构，推进区域协调发展，根据现有经济技术条件下各空间单元的开发潜力，按照国土空间整体功能最大化和各空间单元协调发展的原则，对国土空间发展定位和发展方向进行空间划分而形成的借以实行分类管理的区域政策的特定空间单元。国家提出主体功能分区其主要目的在于重塑我国区域经济发展格局，实现我国社会经济和生态环境的全面协调发展。主体功能分区能够为"三保区"的划分提供借鉴和依据，"三保区"划分需要与主体功能区保持一致。然而，目前国家和省级主体功能区划研究较多，省级主体功能区划也主要以县域作为基本的评价单元，单独以县级行政区开展的主体功能区划研究甚少。而由于本研究的清洁流域涉及面积较小，有的甚至是位于一个县域内，因此，目前的主体功能区划还难以为清洁小流域规划分区中三保区的划分提供有效参考。因此，本研究需要结合清洁小流域规划的目标对"三保区"划分方法进行探讨。

3.2 分区原则与方法

3.2.1 划分原则

借鉴相关研究，为建立便于污染负荷削减任务的层层落实和细化执行的分区方法，清洁小流域规划分区主要遵循以下原则：

（1）分等级原则。本研究分等级的分区方法有利于污染负荷削减任务的逐级细化和落实。具体来说，首先，将流域划分为多个子流域，并以子流域作为控制单元，结合实际需求，确定每个控制单元的预期水质目标、污染控制指标及合理的污染负荷削减措施；以此为基础，将每个控制单元进一步细分为次级或多个计算单元。

（2）多角度原则。在实际管理中，不同部门在污染治理中侧重点不同。因此，清洁小流域规划分区需要考虑污染治理需求的多角度问题。为实现这一目标，应尽可能地对所研究的流域进行细分，并结合最小的分区单元，从不同角度进行统计，得到各角度的污染负荷以及污染治理措施等的统计结果。

（3）便于管理，易于实施原则。清洁小流域规划中控制单元和计算单元划分结果应有利于简化污染源管理，便于明确水环境质量责任人，以便于污染负荷削减任务和削减措施的落实，提高清洁小流域规划的实施效果。

3.2.2 划分方法

本研究将子流域作为清洁小流域规划的控制单元。随着 3S 技术的发展，基于 DEM 的子流域划分技术逐渐成熟，为本研究清洁小流域规划分区中控制单元的划分奠定了良好基础。DEM 数据中包含了大量的水文、地貌、地形、高程等自然地理信息，目前已有多种基于 DEM 数据来生成水流方向、河网以及划分子流域的方法[127]。且这些算法基本均已成功集成到常用的水文模型和水文计算分析软件中，如 SWAT、ArcGIS 软件等。在子流域划分过程中，需要注意的是，集水区面积阈值的确定是划分出的子流域数量的最主要决定因素。子流域数目和面积由子流域最小集水面积阈值来决定，阈值越大，划分的子流域数目越少，面积越大。实践证明，子流域数量过多会影响模型计算效率，子流域数量过少会影响模型模拟精度[128]。阈值过小可能会造成虚假子流域数量的增加,这不仅造成分区结果与实际情况的不符,而且直接导致分析计算难度和复杂度的提高;而阈值过大则同样不利于污染控制,难以达到对污染负荷和削减量的精确控制,因此子流域数量宜在对所研究流域的土地利用、地理地貌、污染现状及环境保护实际需求的基础上进行确定[129],借鉴目前生态清洁小流域的研究,一般以 $30\sim50\mathrm{km}^2$ 为宜。

目前在子流域划分中,SWAT 是应用最广泛的软件之一。该模型能够根据 DEM 数据,计算出流域内各网格单元的坡度、坡向以及水流流向,进而生成河网水系,并将河网上每段支流内的集水面积定义为一个子流域。本研究实证研究也采用 SWAT 模型作为子流域分区方法。

在控制单元划分的基础上,需要对流域进行生态功能分区,为计算单元的叠加奠定基础。生态功能分区原则和方法如下。

1. 分区原则

首先是生态功能相似性。不同区域在生态调节功能、产品提供功能与人居保障功能等方面有不同的特征和差异,在清洁小流域规划分区中生态功能相似性是最重要的原则。生态功能是指自然生态系统支持人类社会、经济发展的功能,一般包括提供产品、调节、文化和支持四大功能。其中,产品提供功能是指生态系统生产或提供的产品;调节功能,是指调节人类生态环境的生态系统服务功能;文化功能,是指人们通过精神感受、知识获取,主观印象、消遣娱乐和美学体验从生态系统中获得的非物质利益;支持功能,保证其他所有生态系统服务功能提供所必需的基础功能。在清洁小流域规划分区中,要考虑不同分区的生态功能的相似性。

其次是景观格局相似性。流域内污染尤其是非点源污染形成的不确定因子很多,形成过程复杂多变。由不同地形地貌、土壤、植被和人类活动共同组成的复杂景观共同影响着流域污染负荷的产生和迁移规律。而不同的污染景观格局则是景观元素,如斑块、廊道、和基质的空间布局,在划分时,要充分考虑景观的格局,遵循景观格局相似性原则。

再次是土地利用方式相似性。土地利用方式是人类活动的最基本的体现方式,它代表和反映了人类活动对土地的利用强度,利用方式和类别,在清洁小流域规划的分区中必须加以考虑。

此外,还要考虑水土流失的相似性。水土流失是农业生产生活过程产生的非点源污染物搬运的最重要的动力和载体,因此,在规划分区中要体现出水土流失相似性。

2. 分区方法

为便于实际的水污染治理，在上述分区原则的基础上，还要考虑分区完整性，因此清洁小流域规划分区宜采取定性与定量相结合的方法。一般而言，流域从山顶到山坡再到沟道两侧其功能定位有很大差异，且位于远山中山及人烟稀少地区，对应地貌部位坡上及山顶，土地利用类型以林地为主，植被盖度大，坡度大；其主要生态功能是生态环境调节、水土保持和水源涵养等，因此对该区域内人类生产生活活动应进行严格的控制，尽量减少人为干扰，封山育林，本研究将这部分区域称为"保育区"；而对应于地貌部位坡中、坡下及滩地的区域，是农业种植区及人类活动频繁和集中的地区，土地利用类型一般以耕地和建设用地为主，其主要功能是为流域内人类生产生活提供空间和物质保障，本研究将这一区域称作"保障区"；而位于河（沟）道两侧及湖库周边的区域，主要功能是为水体水质安全提供缓冲空间，同样排污条件下，这类区域对水体威胁最大，为有效保护水体水质，这类区域内经营性生产生活活动也应严格加以控制，本研究将这个区域称为"保护区"。具体的分区方法如下所述：

（1）保育区划分。对于保育区的划分，根据祁生林、许平芝、荣冰凌等在对坡度对水土流失的影响的研究中[130-132]，在坡度大于25°的地区进行耕作对水土流失影响很大，坡度大于25°的坡耕地多数是"三跑田"（跑水、跑土、跑肥），水土流失严重，是土壤侵蚀和江河泥沙的主要策源地，目前我国正加大力度推行退耕还林还草政策，这一政策中明确规定禁止开垦25°以上陡坡地。因此，为有效控制水土流失和面源污染，在坡度大于25°的地区最好以林地和草地为主要的土地利用方式。借鉴这些研究，本研究在划定清洁小流域规划的保育区时，以坡度大于25°为基础，通过 GIS将降雨量、植被覆盖度、土地利用现状、自然保护区范围、森林公园分布等与坡度图进行叠加，并结合实际研究地区的土地利用规划和经济社会发展等规划对这一范围进行调整和修正，进而确定保育区范围。

（2）保护区划分。清洁小流域规划中的保护区主要是位于流域河道两侧的区域，由于地理位置的特殊性，在清洁小流域规划中，其生态功能主要体现在对污染负荷入河途径的阻断方面，一般而言，河道两侧可以通过湿地建设、植被种植等方式减少由地表径流、生产生活废水排放而进入水体的污染物质，这里相当于河道的缓冲区的概念。因此，保护区的划分方法借鉴相关学者研究对河岸带宽度的划分。根据不同的保护目标，所需要的河岸带宽度也不同。研究发现，当河岸植被宽度大于30m时，能起到很好的污染污染物过滤作用；若要实现沉积物及土壤元素流失控制以及洪水控制，所需要的河岸宽度需要达到 80m 左右[133-135]；而如果要实现给野生动物提供栖息地的目的，则河岸带宽度需要达到 120m[136-137]。1991 年，美国农业部林务局（USDA-FS）制定的河岸植被缓冲带区划标准中确定的河岸缓冲带宽度平均约为 30m[138-139]。彭补拙等[140]的研究发现，通过建立 30～60m 不等的河岸植被带可以起到改善土壤结构和养分条件、增加生物多样性和稳定性的作用。借鉴这些研究，本研究清洁小流域规划中的保护区范围为河道两侧各 30m 的范围为基础，综合考虑水体水污染防治需求、历史最高水位、防洪水位等空间信息，结合不同河段的水功能区定位、现状土地利用、湿地等的规划范围、水质现状、水质水环境改善需求等因素，对这一范围进行调整和修正，进而综合划定保护区的范围。

本书的实证研究中，由于辽宁省人民政府批复《大伙房饮用水水源保护区区划》中对河道两侧的保护区范围进行了划定，确定河道两侧各 100m 范围为清洁小流域规划的保护区。

（3）保障区划分。在对保育区和保护区进行界定的基础上，流域内去除这两个区域后的其他区域则为清洁小流域规划的保障区。保障区内聚集了流域内的绝大部分生产生活活动，是污染负荷的最主要产生区，因此是清洁小流域规划的污染负荷的主要控制区。

基于流域内不同区域生态功能的分区的"三保区"特征归纳见表 3.1。

表 3.1　　　　　　清洁小流域规划中生态功能分区特点

分区名称	特　点
保育区	位于远山中山及人烟稀少地区，对应地貌部位坡上及山顶，土地利用类型以林地为主，植被盖度大，坡度大。其主要的功能是生态环境的调节功能
保护区	位于河（沟）道两侧及湖库周边，对应地貌为河（沟）道位及滩地，土地利用类型有水域、未利用地和草地
保障区	位于山麓、坡脚等农业种植区及人类活动频繁地区，对应地貌部位坡中、坡下及滩地，土地利用类型以耕地和建设用地为主。主要的功能是提供保障流域内生活的农业产品

按照上述清洁小流域规划分区方法，一个流域内保育区、保障区、保护区的大致分布范围如图 3.2 所示。

对于"三保区"的污染负荷削减，不同分区应有不同的针对措施，对于保育区，由于主要是水土保持和涵养区，对其污染治理主要侧重于源头

图 3.2　清洁小流域规划中生态功能分区结果示意图（祁生林[132]）

控制；而对于保障区，由于其是一个流域内污染负荷产生的集中区域，一般也是污染治理的重点区域，因此要综合并用源头治理、迁移阻断和末端治理各类措施，以达到良好的污染治理效果；而对于保护区，由于其位于河道两侧，对水体威胁大，因此也需要对区内的污染进行严格控制，除了源头控制外，同时也要注重迁移阻断和末端治理工程措施。

在上述生态功能分区的基础上，结合子流域分区和行政区划，对三者进行叠加得到污染负荷计算和削减的计算单元。叠加方法为：在地理信息系统软件 ArcGIS 中利用"intersect"工具对上述的两种分区方法的得出结果水文单元分区和"三保区"进行叠加的基础上，进一步将行政区进行叠加和嵌套，从而得到清洁小流域规划的计算单元，这些计算单元是清洁小流域规划中对污染物进行控制和削减的最小单元。

行政区划分方法是利用现有的行政区划，由于小流域范围较小，清洁小流域规划分区方法中行政区划分以建制镇为单元，将小流域进行划分。

三种分区叠加过程也是三区空间离散的过程，由此形成空间斑块。以子流域作为清洁小流域规划控制单元，则每个控制单元由保育区斑块、保障区斑块和保护区斑块共同构成，也可以称之为保育区计算单元、保障区计算单元和保护区计算单元。

3.3　分区特点与优势

清洁小流域规划分区与现有的流域水污染防治规划分区相比有自身的

优势和特点。首先，在对污染负荷控制精度方面，通过对三类分区叠加得到计算单元，提高了对污染负荷削减和控制的准确程度，这与非点源污染涉及面广、治理难度大等的特点是相适应的；其次，为流域和行政区域之间的协调互动奠定了基础。目前巨大多数的流域水污染防治规划分区多从单个角度对研究区域进行分区，往往仅关注了流域或者区域的治污需求，而清洁小流域规划分区能够在计算单元的基础上，对污染负荷控制和削减进行流域或区域的统计，进而实现污染治理任务在流域以及行政区域间的切换。在计算单元的基础上，从行政区域的角度对污染削减任务进行统计，便于污染治理任务的落实，因为污染负荷削减任务的落实最终还是由基层行政机构去执行；从子流域的角度进行统计，有利于在污染治理过程中充分考虑流域水文特征的完整性，便于纳污能力的核算。流域和行政区在污染防治中的协调互助有利于提高流域总体的水环境污染控制和管理能力，如流域和区域在组织水功能区的划分和向饮用水水源保护区等水域排污的控制能力、审定水域纳污能力、提出限制排污总量的意见、对设置排污口的审查等方面的协作的可能性。再次，清洁小流域规划分区能够较好的协调流域内经济社会发展与生态环境保护之间的关系。结合"三保区"不同的生态功能，采取不同的污染治理策略，有助于提高清洁小流域规划方案的针对性。

第 4 章　纳污能力计算及污染削减分配模型研究

　　纳污能力计算和污染负荷削减分配是清洁小流域规划的核心环节，是决定规划成败的关键。正如前文所述，目前大多数流域水污染防治规划对纳污能力的计算和研究主要针对点源污染，因此一般选择 90％保证率下最枯月平均流量或近 10 年最枯月平均流量作为纳污能力计算的设计流量。事实上，对于非点源污染占主导的水体及湖库，仅对点源污染进行控制难以实现预期的水质目标，由上述方法确定的纳污能力亦不宜作为非点源占主导地位的流域的污染负荷总量控制依据。本研究提出的清洁小流域规划将非点源污染纳入污染物总量控制的范畴，故纳污能力计算方法要体现出对非点源污染的关注，这一点也是清洁小流域规划与现有流域水污染防治规划的不同之处。以纳污能力计算方法的计算结果作为污染负荷总量控制依据，围绕对污染物进行源头控制、迁移阻断和末端治理的全过程控制思路，通过选取具体的污染负荷削减措施，搭建污染负荷削减的多层分配模型，以便于污染负荷削减任务的层层细化和落实，保障清洁小流域规划目标的实现。

4.1　纳污能力计算

　　纳污能力计算是污染物总量控制的基础，其核定技术必须具有实用性和可操作性。清洁小流域规划中纳污能力计算方法的构建必须体现对点源和非点源污染联合控制的初衷，真正将非点源污染防治与水体水质目标相关联。第三章建立的清洁小流域规划分区的控制单元具有预期水质目标，是每个控制单元纳污能力计算的根本依据，每个控制单元的纳污能力是其所包含的各个计算单元污染负荷的总量控制目标。本研究结合清洁小流域规划目标，提出分源的纳污能力计算方法，即：将水体对特定污染物的纳污能力分为点源和非点源两部分。点源纳污能力能够有效保障非汛期水质以及枯水年水质的良好，非点源纳污能力的确定能够较为有效地保障汛期水质的良好，同时又能充分利用水体环境容量。

4.1.1 设计水文条件

目前在纳污能力计算和使用过程中，从便于管理、监测与监督的角度出发，通常将设计水文条件下计算得到的水体纳污能力作为制定污染物总量控制定额的依据。对于点源污染，由于点源污染排污口较为固定，污染排放量只与污染源类型和工业企业生产工艺有关，与降雨径流条件相关性较小。为实现对点源的有效控制，经常将较小流量下的水文条件作为纳污能力计算的基础。以刚完成的全国水资源综合规划为例，采用最近 10 年最枯月平均流量（水量）或者 90％保证率最枯月平均流量（水量）作为各水功能区纳污能力计算的设计水文条件[141]，7Q10（90％保证率下连续 7d 最枯流量平均值）设计水文条件也是目前水污染防治规划中经常采用的方法[142-143]。由于这些基本是枯水期设计水文条件，计算得到的纳污能力作为实施点源污染总量控制的依据是合适的。

但是，当在总量控制中考虑非点源污染时，采用这种设计水文条件计算纳污能力显然是不适用的。因为降雨和径流是非点源污染物进入水体的最直接动力，不同降雨径流条件对进入水体的非点源污染负荷量有至关重要的影响。在构建水体对非点源污染纳污能力计算方法时必须充分考虑非点源污染的这一特点。通过对相关研究的梳理发现，目前的纳污能力研究基本集中在点源污染，对包括非点源污染在内的纳污能力计算方法的研究相对较少。朱继业[61]、王少平等[144]提出了考虑城市非点源污染作用下的水环境容量计算模型。但该研究仅用标准降雨时的流量作为设计流量，这与非点源污染的发生和河流中污染物衰减能力具有时间变异性的实际情况相比显然是牵强的。蒋颖等[145]将目标水质污染物浓度与现有水质污染物浓度的比值称为总量标准转换系数，并将该值和现有年河段负荷量相乘得到该河段年最大允许负荷承载。显然，这样的方法未考虑河段中污染物负荷量的时间变异性。陈丁江等[146]基于河流中氮、磷营养物每月的输入—输出平衡分析，建立了农村和农业非点源污染为主条件下河流的水环境容量模型，且进行了分期的水环境容量估算。但该计算模型建立在统计回归方程上，缺乏普适性。李锦秀等[147]从既能充分利用水体对污染物的自净能力，又能保护环境等多重目的出发，提出了将 90％保证率最枯月设计水文条件下计算得到的纳污能力作为点源排放总量控制定额，而将 90％保证率丰水期平均流量设计水文条件下计算得到的纳污能力减去枯水期纳污能力的差额作为总氮污染负荷的总量控制定额。事实上，由于90%保证率下径流量小，即使是在丰水期流量一般也不大，在这种条件下能够进入水体的非点源污染负荷也有限，因此，对于非点源污染控制来说，90%保证率丰水期平均流量不一定是非点源污染控制的最适宜条件，由此计算得到的纳污能力虽然可能实现良好的污染控制效果，但是可能造成水体纳污能力的不充分利用，加大了非点源污染削减的实际难度。

在实际的水污染防治规划中，太严格的控制条件虽然有利于最严格的水资源保护目标的达成，但很可能由于缺乏操作性而难以执行；而如果限制条件过于宽松，则不利于对水体的有效保护。本研究参照《水域纳污能力计算规程》（GB/T 25173—2010）中水域纳污能力计算方法，通过选取不同的设计水文条件来体现水体对点源和非点源纳污能力的差异。对于点源污染，将90%保证率月平均流量作为设计流量计算的纳污能力作为点源排放总量控制定额；对于非点源污染负荷，由于其排放量和入河量受降雨影响很大，在非汛期进入水体的非点源污染负荷量很小，只有在汛期才能随径流大量进入水体，影响水质，从充分利用水体纳污能力的角度出发，结合水文条件的代表性，将50%保证率月平均流量计算所得的河流纳污能力与点源纳污能力的差值作为水体对非点源污染的纳污能力。选取50%保证率月平均流量作为设计水文条件，主要是基于非点源污染负荷量与降雨径流关系密切这一实际情况。50%保证率对应平水年，这一保证率对应的来水情况能够大体上代表一个流域的一般水平，这一保证率下的非点源污染负荷量也能反映其一般水平，从而制定出既不过于严格也不过于宽松的非点源污染负荷限制定额。因此，选取50%保证率月平均流量作为设计水文条件既反映了非点源污染受降雨径流影响较大这一特征，同时又能从年的尺度对年内各月的河流纳污能力进行累加，为控制非点源污染产生提供依据。需要指出的是，本书是以北方农业小流域作为实证研究，对于南方小流域，由于降雨量偏大，很可能在75%保证率下的非点源污染负荷量就很大，并需要进行控制，在对南方农业生产为主的小流域进行清洁小流域规划的纳污能力计算时，75%保证率可能是更合适的设计水文条件。

清洁小流域规划方法中纳污能力计算模型的构建思路简化如图4.1所示。

4.1.2 模型选取

由于本研究提出的清洁流域规划主要针对小流域，根据《水域纳污能

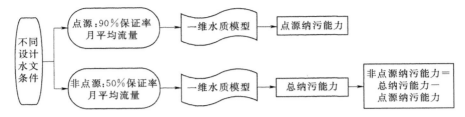

图 4.1　清洁小流域规划纳污能力计算过程示意图

力计算规程》（GB/T 25173—2010）中模型选择条件的规定，水体的流量一般小于 150m³/s，采取河流一维水质模型进行纳污能力计算。将纳污能力计算将点源与非点源分别计算。

（1）点源污染纳污能力计算方法。

污染物浓度计算式为

$$C_x = C_0 \exp\left(-K\frac{x}{u}\right) \tag{4.1}$$

式中：C_0 为初始断面污染物浓度，mg/L；C_x 为流经 x 距离后的污染物浓度，mg/L；x 为沿河段的纵向距离，km；u 为设计流量下河道断面的平均流速，km/d；K 为污染物综合衰减系数，1/d。

当入河排污口位于计算河段的中部（即 $x=L/2$）时，水体下断面的污染物浓度及其相应的纳污能力分别按式（4.2）和式（4.3）计算：

$$C_{x=L} = C_0 \exp(-KL/u) + \frac{m}{Q}\exp(-KL/2u) \tag{4.2}$$

则当 $C_{x=L} = C_s$ 时，水体对某种污染物的允许入河量即水体纳污能力计算公式为

$$M_p = Q(C_s - C_0 e^{-KL/u}) e^{KL/2u} \tag{4.3}$$

式中：M_p 为流域水体纳污能力，g/s；Q 为河流流量，m³/s；m 为污染物入河速率，g/s；$C_{x=L}$ 为 $x=L$ 处断面污染物浓度，mg/L；C_s 为控制单元出口断面水质目标，mg/L；L 为计算河段长，km。

（2）非点源污染纳污能力计算方法。

当考虑非点源污染贡献时，计算方法如下：

$$\frac{\partial c}{\partial t} = -U\frac{\partial c}{\partial x} - k_d c + S_d \tag{4.4}$$

稳态时上述基本方程的解为

$$c(x) = C_0 e^{-k_d \frac{x}{v}} + \frac{S_d}{k_d}(1 - e^{-k_d \frac{x}{v}}) \tag{4.5}$$

起始断面浓度 C_0 沿程降解后对断面 $x=L$ 的浓度贡献：

$$C_0 e^{-k_d \frac{L}{U}}$$

排污口（点源）贡献浓度：

$$\frac{M}{Q+q} e^{-k_d \frac{L-L_1}{U}}$$

面源负荷对末端断面的浓度贡献：

$$\frac{S_d}{k_d}(1-e^{-k_d \frac{L}{U}})$$

上述三者之和应该小于等于水质目标浓度 C_s：

$$C_0 e^{-k_d \frac{L}{U}} + \frac{M}{Q+q} e^{-k_d \frac{L-L_1}{U}} + \frac{S_d}{k_d}(1-e^{-k_d \frac{L}{U}}) = C_s$$

由上式求出 M 即为水体纳污能力，即水体对点源和非点源的总纳污能力：

$$M = \left[C_s - C_0 e^{-k_d \frac{L}{U}} - \frac{S_d}{k_d}(1-e^{-k_d \frac{L}{U}}) \right](Q+q) e^{k_d \frac{L-L_1}{U}} \tag{4.6}$$

则水体对非点源纳污能力的表达公式为

$$M_n = M - M_p \tag{4.7}$$

式中：M 为水体纳污能力，g/s；C_0 为上游来水中污染物背景浓度，mg/L；C_x 为流经 x 距离后的污染物浓度，mg/L；x 为沿河段的纵向距离，km；U 为设计流量下河道断面的平均流速，km/d；k 为污染物综合衰减系数，1/d；Q 为河流流量，m³/s；C_s 为控制单元出口断面水质目标，mg/L；L 为计算河段长，km；q 为排污口排放污水流量（排污口位于河段起始断面下游 L_1 km 处），m³/s；S_d 为非点源污染贡献（按体积源表示），mg/(L·d)。

4.2　污染物削减总量二次分配模型建立

　　清洁小流域规划的实质是水污染防治规划，其实现途径是利用系统论的观点，将"污染物—水环境—社会经济"视作一个整体系统进行优化和调整，污染物削减量分配模型是实现这一优化和调整的重要手段。本研究在对控制单元内水体对点源和非点源纳污能力计算的基础上，将污染负荷削减量进行两次分配，一次分配：将点源纳污能力和非点源纳污能力从控制单元分别分配到计算单元，污染负荷与纳污能力之差即污染物削减量；二次分配：采用目标优化方法，将计算单元的污染物削减量分配到各污染源。污染削减总量二次分配是清洁小流域规划的关键步骤和核心环节。其总体思路如图 4.2 所示。

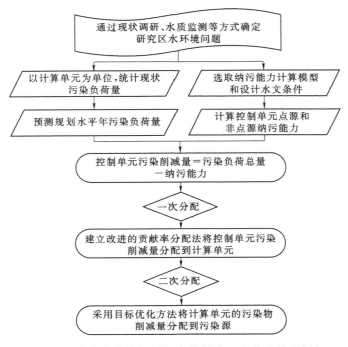

图 4.2   清洁小流域规划污染物削减二次分配模型框架

4.2.1   分配原则

清洁小流域规划中污染负荷削减分配需要兼顾公平性和效率性，同时要结合规划分区进行区别对待，主要原则如下：

（1）功能区域差异原则。清洁小流域规划分区考虑了流域内不同区域间生态功能的不同，由于污染排放特征、对水体的威胁程度、削减难度等方面的差异，保育区、保障区、保护区内污染负荷的削减也应体现出差异性。相对于保障区和保护区，保育区内不应有大量的人类生产生活活动，其主要的功能是水土保持及生态涵养；保护区距离水体近，对水质威胁大。因此，保育区和保护区均应采取较严格的负荷削减方案。

（2）充分利用水体纳污能力。水体纳污能力与河流流量、水力学特征、特定水质标准、气温以等因素密切相关。在污染负荷削减分配中需要充分结合这些因素，水体纳污能力大的河段则污染负荷允许排放量亦大，反之则小。在清洁小流域规划中，应以纳污能力为约束条件，使各排污主体分配到的污染负荷允许排放量达到最大，实现水质水污染防治和经济社会发展之间的协调和平衡。

（3）集中控制原则。对于位置邻近、污染物种类相同的污染源，应首先考虑建设相似的工程对污染物进行集中控制。

4.2.2　一次分配模型

4.2.2.1　建模思路

在对控制单元内点源和非点源污染负荷和纳污能力分别进行计算的基础上，确定控制单元污染负荷削减量，并以此将控制单元的污染负荷削减量分配到各控制单元所包含的计算单元上。污染物削减总量分配方法既要考虑分配方案的公平性，又要考虑方案的可操作性。在确定控制单元的削减量的基础上，本研究采用贡献率方法作为控制单元中污染负荷削减量的一次分配方法。同时，也需要根据"三保区"各自生态功能和生态环境保护需求对各计算单元的污染负荷削减分配结果进行合理修正，以体现出对不同区域污染治理的差异性。根据"三保区"划分依据，保育区主要功能为水土资源的涵养，区内应严禁人类生活生产活动，因此控制单元内位于保育区的计算单元纳污能力分配以其在人类干扰较少状况下的污染负荷背景值为依据；对于保护区和保障区，将控制单元总的纳污能力去除保育区的分配额后，再分配到保护区计算单元和保障区计算单元。鉴于保护区距离水体近，同样的污染排放量下，保护区比其余两个区对水体造成的威胁大，也就是说水体对这类区域内的污染排放量最为敏感，因此，清洁小流域规划中需要严格控制该区污染负荷排放量，对其以贡献率方法分配得的纳污能力进行修正。保障区计算单元纳污能力即为控制单元总纳污能力与保护区保育区纳污能力之差。在上述分析的基础上，结合清洁小流域规划的目标，本研究按贡献率削减排放量的原则，建立污染负荷削减的一次分配模型，建模思路如图4.3所示。

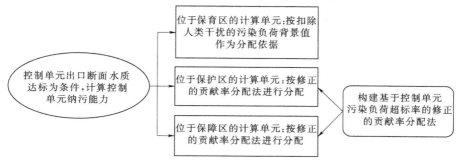

图 4.3　清洁小流域规划污染负荷削减一次分配模型构建思路

4.2.2.2　模型建立

本研究之所以选择污染负荷的贡献率分配法，是由于其操作简便，且能够较好地体现污染负荷削减的公平性，因此在水污染防治规划中应用较为广泛。本研究在贡献率分配法的基础上，结合不同控制单元污染负荷超标率对这一方法进行修正，从而建立清洁小流域规划的污染物削减一次分配模型。贡献率法得到的纳污能力分配公式为

$$M_i = \frac{L_i}{\sum\limits_{i=1}^{n} L_i} \times M \tag{4.8}$$

式中：M_i 为第 i 个计算单元纳污能力分配结果；L_i 为第 i 个计算单元的污染负荷量；M 为控制单元点源或非点源污染纳污能力。

结合"三保区"地理位置及产排污特征等，为实现对保护区较为严格的控制，本研究构建纳污能力分配修正因子对上述贡献率分配法进行修正，即

$$\alpha = \frac{L_{i,y} + L_{i,h} + L_{i,z}}{M_i} \tag{4.9}$$

引入纳污能力分配修正因子对分配到保护区和保障区计算单元内的纳污能力进行调整，是出于对超标程度严重的控制单元内保护区计算单元进行更大幅度削减的需要，以满足水体水质安全。因此有如下经修正的污染负荷削减的贡献率分配模型。

对于点源纳污能力分配，基于贡献率分配法的污染负荷一次分配模型如下：

$$\begin{cases} M_{P,i,y} = L_{P,i,y} \\ M_{P,i,h} = \dfrac{1}{\alpha} \times \dfrac{L_{P,i,h}}{L_{P,i,z} + L_{P,i,h}} \times (M_{P,i} - M_{P,i,y}) \\ M_{P,i,z} = M_{P,i} - M_{P,i,h} - M_{P,i,y} \end{cases} \tag{4.10}$$

同理，对于非点源纳污能力的分配，基于贡献率分配法的一次分配模型如下：

$$\begin{cases} M_{N,i,y} = L_{N,i,y} \\ M_{N,i,h} = \dfrac{1}{\alpha} \times \dfrac{L_{N,i,h}}{L_{N,i,z} + L_{N,i,h}} \times (M_{N,i} - M_{N,i,y}) \\ M_{N,i,z} = M_{N,i} - M_{N,i,h} - M_{N,i,y} \end{cases} \tag{4.11}$$

式中：$M_{P,i,y}$、$M_{P,i,h}$ 和 $M_{P,i,z}$ 分别为第 i 个控制单元内的保育区计算单元、保护区计算单元和保障区计算单元所分配的点源纳污能力；$M_{N,i,y}$、$M_{N,i,h}$、$M_{N,i,z}$ 分别为第 i 个控制单元分配到保育区计算单元、保护区计算

单元、保障区计算单元的非点源纳污能力；$L_{P,i,y}$、$L_{P,i,h}$、$L_{P,i,z}$ 为第 i 个控制单元内保育区计算单元、保护区计算单元、保障区计算单元点源污染负荷量；$L_{N,i,y}$、$L_{N,i,h}$、$L_{N,i,z}$ 为第 i 个控制单元内保育区计算单元、保护区计算单元、保障区计算单元非点源污染负荷量。

在污染物规划水平年预测和控制单元纳污能力分配的基础上，进行清洁小流域规划中污染物削减量一次分配计算，其由各计算单元污染负荷与相应的纳污能力之差确定，即

$$\Delta L = L - M \tag{4.12}$$

式中：ΔL 为污染负荷削减量；L 为污染负荷；M 为纳污能力。

若 $\Delta L > 0$，则需要进行污染负荷削减的二次分配，将削减任务分配到各污染源；若 $\Delta L \leqslant 0$，则不需要进行污染负荷的二次分配。

4.2.3 二次分配模型

清洁小流域规划污染物削减的二次分配是将分配到各计算单元的污染物削减量再分配到各污染源。二次分配模型采用的方法主要为治理成本最小化的目标优化方法。污染治理措施和工程的筛选是污染治理成本确定的基础和依据，污染治理措施和工程的筛选需要在实际的规划过程中结合规划区的经济社会、污染排放特征和治理需求综合确定。

4.2.3.1 点源污染源削减量分配

计算单元内，点源污染削减量分配方法为：达到计算单元点源削减总量控制目标且治理成本尽可能小。治理成本是削减污染物排放或降低环境中的污染物浓度所发生的成本。这里的成本仅考虑污染物的削减量和成本投入之间的关系，不考虑其他因素的影响。最小成本法是通过建立不同点源（如工业、城镇生活、集中养殖）措施处理不同污染物的治理成本函数，以总成本最小为目标函数，以污染负荷削减目标作为约束条件，建立目标规划模型，求出不同点源之间污染负荷分配的满意解。以控制单元内点源污染负荷削减成本最小化的单目标规划模型如下：

$$\min C(\Delta P) = C_1(\Delta P_1) + C_2(\Delta P_2) + C_3(\Delta P_3) + \cdots + C_n(\Delta P_n)$$

$$s.t \begin{cases} \Delta P_1 + \Delta P_2 + \Delta P_3 + \cdots + \Delta P_n = \Delta P \\ 0 < \Delta P_1 < b \\ 0 < \Delta P_2 < c \\ 0 < \Delta P_3 < d \\ \vdots \\ 0 < \Delta P_n < z \end{cases} \tag{4.13}$$

式中：$C_1(\Delta P_1)$、$C_2(\Delta P_2)$、$C_3(\Delta P_3)$ 分别为小流域内控制单元中处理工业污染、城镇生活污染、集中养殖污染等的污染削减措施的成本函数；ΔP_1、ΔP_2、ΔP_3 分别为计算单元不同污染源的污染负荷削减量；ΔP 为某计算单元点源污染物削减总目标；b、c、d 分别为三种污染负荷可能的最大削减量。

如何确定各类点源污染源的治理措施、确定各自的治理成本函数成为点源负荷分配的关键问题。在选取合适的点源治理措施后，可采用线性规划、非线性规划、整数规划、动态规划、单纯形法等具体求解方法对方程进行求解。

4.2.3.2 非点源污染源削减量分配

尽管我国非点源污染面临严峻挑战，但非点源污染控制仍存在较大误区，目前即使在农业非点源污染已成为水体污染主要原因的流域，仍以河口、河道地带等末端控制工程建设为主，没有充分考虑当地农村经济条件和现有种植结构，对整个流域统一布局，在源头、迁移过程、末端对不同类型的非点源污染实行总量控制，因此，在未来很长的时期内，农业非点源的源头削减是我国污染防治工作的重点。基于此，本研究对非点源污染负荷削减量的分配不仅考虑末端治理措施，同样将源头优化和调整纳入到目标优化模型中。农村生活污染考虑末端治理的投入费用，而农田种植业污染、畜禽养殖污染主要考虑源头优化、过程阻断。

清洁小流域规划中农业种养优化目标的确定、湿地、隔离带、沼气池、氧化塘等的设计必须综合考虑当地自然资源状况、经济社会发展程度、当地生活需求以及生态环境保护要求等多个因素，即通过对保障区内农业生产过程中种养规模进行调整和优化以及相关的生态环境治理工程的建设，使流域内非点源污染负荷满足控制单元污染负荷削减的要求。同样以控制单元内非点源污染负荷削减成本最小化建立目标优化模型：

$$\min C(\Delta N) = C_1(\Delta N_1) + C_2(\Delta N_2) + C_3(\Delta N_3) + \cdots + C_n(\Delta N_n)$$

$$s.t \begin{cases} \Delta N_1 + \Delta N_2 + \Delta N_3 + \cdots + \Delta N_n = \Delta N \\ 0 < \Delta N_1 < e \\ 0 < \Delta N_2 < f \\ 0 < \Delta N_3 < g \\ \vdots \\ 0 < \Delta N_n < z \end{cases} \tag{4.14}$$

式中：$C_1(\Delta N_1)$、$C_2(\Delta N_2)$、$C_3(\Delta N_3)$ 分别为计算单元中处理农田径流

污染、农村生活污染、分散养殖污染等污染负荷的环境工程措施的成本函数；ΔN_1、ΔN_2、ΔN_3 分别为计算单元内农田径流污染、农村生活污染、分散养殖污染等削减的成本函数，每种工程措施的建设投入费用及对污染负荷削减作用可参考目前相关研究进行确定和核算；ΔN 为某计算单元内非点源污染负荷削减总目标；e、f、g 分别为计算单元内不同非点源污染负荷可能的最大削减量。

而对于上述方程，除了污染负荷削减这一约束条件，还包括对流域内的其他经济社会发展因素进行统筹考虑，包括农业用地面积约束，农产品需求约束，人口发展约束等。非点源治理和削减的措施可以借鉴 BMPs。在对上述方程进行求解的基础上，在相应的控制单元内，对流域内的种养规模进行合理调整，建设污染负荷削减工程，从而达到清洁小流域规划的目的。

4.3 常用的 BMPs 总结

对于非点源污染负荷占主导地位的流域，非点源污染治理是水质水环境管理的重点。而非点源污染控制方式与点源污染有很大不同。点源排放可根据污染排放浓度标准进行控制，而农业非点源污染控制则更多是采取综合措施[148]。农业非点源污染控制始于 20 世纪 70 年代，于 20 世纪 90 年代后期迅速发展，并以美国的"最佳管理措施（BMPs）"最具代表性，BMPs（Best Management Practice）是指为阻止和减少农业非点源污染物的产生而确定的最有效、最可行的（包括技术、经济和制度上的考虑）措施方案。BMPs 按内容可分为工程性 BMPs 和非工程性 BMPs。也可以分为源头治理、迁移阻断和末端治理三类措施。本节对目前在非点源污染中应用较为广泛的 BMPs 进行总结，以为清洁小流域规划中污染负荷削减措施的筛选奠定基础。

4.3.1 非工程性 BMPs（源头控制措施）

非工程性 BMP 是指建立在法律法规和政策基础上的各种管理措施，其核心是污染物源头控制，即通过限制污染行为、改进传统方法等措施控制污染源的产生[149]。当前，应用较广泛的非工程性 BMPs 主要包括少免耕作法、植物篱种植、施肥管理等[150]。

少免耕作法是一种替代传统翻耕的新型耕作方式，主要对农田实行免耕、少耕，尽可能减少土壤耕作，并用作物秸秆、残茬覆盖地表，用农药来控制杂草和病虫害，从而减少农田土壤流失[151]。少免耕作法在加拿大、美国、巴西和智利等国家得到了广泛的应用[152]。Mario 等人比较研究了传统耕作、免耕无作物残茬覆盖、免耕和 33％的作物残茬覆盖及免耕和 100％的作物残茬覆盖等四种耕作方式下径流和泥沙产生量，结果表明后两种耕作方式的径流和泥沙量较低，说明免耕法是修复农业用地、控制农业非点源污染较好的 BMPs[153]。

植物篱种植是指在坡地上相隔一定距离密集种植双行乔木或灌木带，农作物种植在植物篱之间的种植带上[154]。等高种植的植物篱可有效防止水土流失，从源头控制农业非点源污染。国内研究表明，等高固氮植物篱可减少坡耕地地表径流 26％～60％、减少土壤侵蚀 97％以上。

施肥管理主要是使施肥时间、施肥量及施肥方法更合理、更科学。测土施肥、精确农业、平衡施肥、施用绿肥等管理措施均可有效控制农业非点源污染。其中，平衡施肥是根据历年土壤质量、肥料运筹试验及作物需肥特性，通过配方肥料，达到产量所需养分量与土壤供应养分量收支平衡的科学施肥方法，其核心思想是减少化肥施用量，降低污染物流失风险[155]。

4.3.2　工程性 BMPs（迁移阻断和末端治理措施）

工程性 BMPs 是指人工建造的用于控制、减少农业非点源污染的各种工程设施，其核心是对污染物的迁移阻断和末端治理，即在迁移汇集过程中对各种污染物进行处理。近年来，欧美发达国家广泛应用工程性 BMPs 以控制农业非点源污染，取得了水质改善的良好效果。当前，应用较广泛的工程性 BMPs 措施包括人工湿地、植被缓冲区、水陆交错带、沼气池等。

人工湿地是人工建造和监测控制的与沼泽类似的地面，其对水质有明显的净化作用。利用人工湿地去除污染物，最突出的特点是技术简单、成本和维修费用低，且生态环境效益显著，能适应农业非点源污染的不稳定性。Mitsch 等总结了不同水质水环境保护目标所要求的湿地面积比例[156]。Hey 等根据多个小流域的实验结果得出结论：占流域面积 1％～5％的湿地足以去除大部分过境污染物[157]。

植被过滤带是设立在潜在污染源区与受纳水体之间，由林、草或湿地植物覆盖的区域[158]。植被缓冲区主要对污染物进行阻截、吸收和转化，从而达到去除污染物的目的[159]。目前，关于农业非点源污染的缓冲区技术主要有美国的植被过滤带、新西兰的水边休闲地、英国的缓冲区、中国的多水塘和匈牙利的 KisPalaton 工程等[160]。美国对植被过滤带十分认可，并有研究表明，含粪肥的农田径流通过 6m 长的植物过滤带后，75％的氮污染物能被吸附[161]。我国南方的人工多水塘系统作为一种独特的缓冲带，也具有较强的污染物截留功能，在巢湖多年研究发现，多水塘系统对地表径流截留平均达 85.5％，总氮截留平均达 98％。

水陆交错带是指内陆水生生态系统和陆地生态系统之间的界面区，属于湿地系统的一部分[162]。有研究表明，一个健康的水陆交错带对流经的污染物具有截留和过滤作用，其功能相当于一个选择性半透膜。白洋淀野外实验结果表明，水陆交错带中的芦苇群落和群落间的小沟都能有效截留来自上游流域的污染物。

BMPs 自提出以来，在英美及欧洲国家得到广泛应用。如美国密西西比河三角洲的治理采取了一系列保护性 BMPs，使流域沉积物负荷削减 70％～97％，同时氮污染物也随之大幅减少[163]。丹麦政府主要从农业管理上采取了一系列 BMPs，对保证丹麦良好的农业环境和水质环境起到了重要作用[164]。此外，日本、挪威、芬兰、瑞典等国家在 BMP 研究与应用方面也取得较大进展。我国关于 BMP 的研究也取得一定成果，如适合太湖流域农业非点源污染控制的 BMPs[165]；刘建昌等[166]在五川流域设计了 7 种 BMPs，并以环境和经济效益最大化为目标对这 7 种 BMPs 进行了优化集成，提出了每种 BMPs 在流域的优化实施比例。王晓燕等[167]在密云县太师屯镇设计了 8 种 BMPs，从经济学角度预测了每种 BMPs 在控制氮、磷和泥沙流失的效果及所获得的环境效益、经济效益，并将各 BMPs 的控制效率进行了比较分析。

在清洁小流域规划实证研究中，要在对流域内经济社会发展水平、污染特征、负荷削减需求等进行综合分析的基础上，确定适合研究区实际情况的 BMPs。

第5章　清洁小流域规划实证研究

本研究以辽宁省大伙房饮用水水源地保护区的六河流域为例进行实证研究。目前包括六河流域在内的大伙房饮用水水源保护区对非点源污染定量控制的研究相对较少。相关研究多集中在工业污水和城镇生活污水控制与治理等点源污染控制，对库区农村氮素非点源污染以及牲畜养殖业污染未给予足够重视，对非点源污染的研究也只停留在定性上，在定量层面上研究的更少。因此以六河流域为例开展清洁小流域规划的实证研究对保障大伙房水库水质的良好性具有重要的现实意义，对北方以农业为主的小流域非点源污染防治具有较好参考价值。

5.1　研究区概况

5.1.1　自然概况

（1）地形地貌。六河，又称大二河，发源于辽宁省本溪市桓仁县老道沟岭，位于鸭绿江水系的浑江中下游，整个流域基本均处于辽宁省本溪市桓仁县境内，六河流域在辽宁省的地理位置见图 5.1，流域面积为760.9km²，河道总长约 58.6km。地理坐标介于东经 124°51′~125°22′，北纬 41°13′~41°31′之间，河道比降 4.36‰，自西北向东南依次流经桓仁木盂子镇、华来镇、桓仁镇，于六河村东老台汇入浑江，并与桓仁水库中的水共同进入输水隧道，经苏子河输水河道最终进入大伙房水库。其与大伙房水源系统之间的关系示意图如图 5.2 所示。

六河流域属于冲积平地，区内地势平坦，土质肥沃，以耕种水稻、玉米等农作物为主，为桓仁县重要粮食产区。六河流域属长白山系。流域内母岩构成以侏罗系的凝灰岩、晚侏罗系的花岗岩及石英二长岩、震旦系的石英砂岩为主，风化后形成的成土母质大致分为五种，即残积母质、坡积母质、坡洪积母质、黄土状母质和河流淤积母质。流域内整体地势为西北高，东南低。采用 1∶5 万地形图，利用 ArcGIS 软件提取研究区高程图六

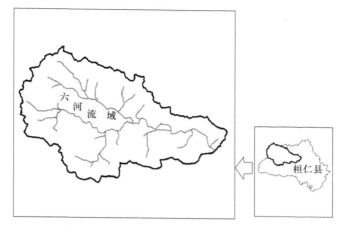

图 5.1 研究区在辽宁省的地理位置示意图

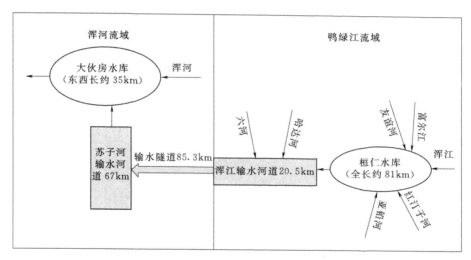

图 5.2 大伙房水源系统构成图

河流域海拔范围为 220～1320m，如图 5.3 所示。

　　研究区地貌类型可分为中山、低山、丘陵和平地，其中山地占 80% 以上。利用 ArcGIS 中 SLOPE 空间分析模块提取的六河流域坡度如图 5.4 所示。由图 5.4 可以看出，研究区坡度大于 25° 的地区所占比例较大。

　　（2）水文气候特征。六河流域属于温带大陆性季风气候，春季冷凉少雨，夏季炎热，雨量集中，秋季短，冬季寒冷时间长。流域内地势变化较大，山区气候反应明显，气温差较大，1 月可达到 −15℃ 以下，出现全年最低气温，7 月可达全年最高温度，为 23℃ 左右，多年平均气温为 4.7～

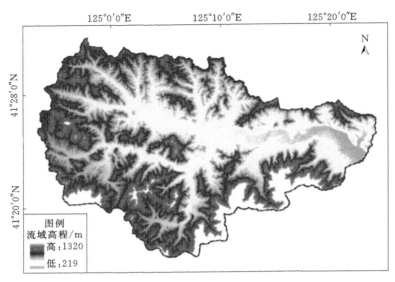

图 5.3　研究区高程图

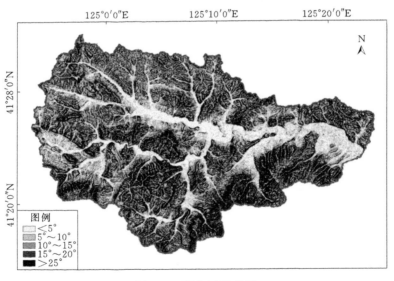

图 5.4　研究区坡度图

6.8℃。无霜期约为 130d。

六河流域多年平均降雨量约 750mm，丰枯年降水量相差较大，多年平均水位为 46.6m，流域内多年平均径流量为 $1.93 \times 10^{8} m^{3}$。平均流量变化较大，近 50 年以来，多年平均流量 6.01m^{3}/s，最大年平均流量可达

16.5m³/s，最小年平均流量为 2.21m³/s。图 5.5 为研究区 1960—2010 年年均降雨量。

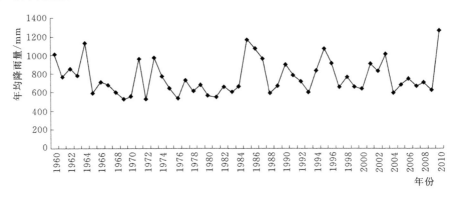

图 5.5 研究区 1960—2010 年年均降雨量

六河流域内分布有一个水文站和四个雨量站，即四道河子水文站和华尖子、二户来、大恩堡和木盂子雨量站。研究区水系图及水文站点具体位置如图 5.6 所示。

图 5.6 研究区水系和水文站点位置图

（3）土壤植被。由于研究区域较小，流域内土壤区域分布规律性不强，共涉及酸性岩土壤、基性岩土壤、石灰岩土壤、砂砾岩土壤、草甸土及水稻土土壤等几种类型。其中基性岩土壤主要位于六河流域内的桓仁镇大部，石灰岩土壤以流域内的木盂子村、四河最多，草甸子、水稻土土壤类型则主要分布在六河流域的沿河岸平地上。流域内土壤的垂直分布规律性较强,随着海拔高度的上升,气候变冷,湿度增大,依次出现的土壤为草甸土、水稻土、沼泽土、潮棕壤、棕壤、棕壤性土、暗棕壤等。

研究区属暖温带夏绿阔叶林带,气候温和湿润,且雨量充沛,植物种类繁多。森林覆盖率达 70% 以上,有夏绿针阔叶林、夏绿冬青针叶林、乔木、灌木;有大面积原始森林次生林和人工林、稀有珍贵树种、多年生草本植物,以及苔藓和蕨类。

(4)土地利用。研究区土地利用类型包括林地、耕地、水域、城镇用地等多种方式,其中以林地、耕地为主,林地面积占流域总面积的 80% 以上。耕地主要分布在六河河道两侧,面积达 114.35 km²,其中旱地约占 65%,水田约占 35%,以玉米和水稻两种农作物为主。研究区土地利用类型如图 5.7 所示。各土地利用类型面积统计见表 5.1。

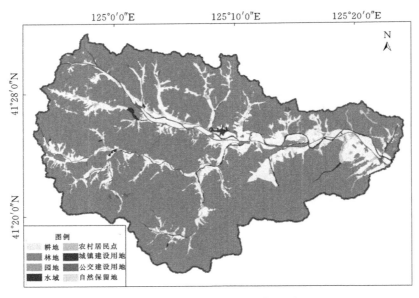

图 5.7　研究区土地利用类型图

表 5.1　　　　　　　　　　　　六河流域土地利用类型面积

类型	耕地	公交建设用地	林地	农村居民点	园地	城镇建设用地	水域	自然保留地	总面积
面积/km²	114.35	6.28	615.70	11.19	0.77	1.04	7.79	3.82	760.92

5.1.2　社会经济

（1）行政区划及人口。研究区主要涉及华来镇几乎所有村、桓仁镇的部分村，如图 5.8 所示。

图 5.8　研究区行政区划简图

六河流域 2011 年总人口为 72567 人，其中农业人口为 65109 人，占流域总人口的 90%，非农业人口仅占流域总人口的 10%。2011 年六河流域所包含的各行政区人口统计见表 5.2。

表 5.2　　　　　　　　六河流域各村人口分布概况

乡镇行政区	总人口/人	农业人口/人	非农业人口/人
木盂子	12623	9466	3157
果松川	1652	1589	63
大恩堡	1575	1473	102
冯家堡子	2078	1987	91
柳林子	2311	2211	100
朱家堡子	1213	1162	51
拉古甲	1641	1549	92

续表

乡镇行政区	总人口/人	农业人口/人	非农业人口/人
光复	2711	2396	315
二户来	3860	3363	497
碑登	3469	1862	1607
文治沟	1697	1640	57
高台子	2149	1996	153
川里	2813	2654	159
铧尖子	7927	7169	758
瓦尔喀什	1035	976	59
大甸子	2138	2100	38
四道河子	4564	4541	23
五道河子	2280	2262	18
虎泉	3125	3101	24
六道河子	2304	2294	10
平原城	3900	3877	23
刘家沟	3841	3820	21
泡子沿	1661	1621	40
合计	72567	65109	7458

2000—2011 年研究区人口变化趋势见图 5.9。由此可知，研究区自 2000 年以来尤其是 2005 年以来，人口增加速度加快，生活过程中产生和排放的污染负荷量也随之增大。

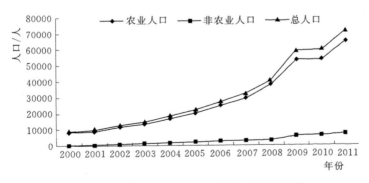

图 5.9　研究区 2000—2011 年人口变化趋势

　　（2）经济状况。六河流域是桓仁县重要的粮食生产基地，主要种植水稻和玉米，其中所产的大米在清朝时曾被封为"御用贡米"，是桓仁"AA"级大米的主要产区之一，六河流域也是重要的畜牧业生产基地，以鸡、牛、猪、羊等牲畜为主，位于木盂子村的新华蛋鸡场是目前桓仁县内最大的蛋鸡生产地。该流域自然生态环境优越，野生动植物种类繁多，成为绿色食品和药材等的重要生产基地，有獐、狍、熊、鹿、山兔、刺猬和各种鸟、蛇、鱼等野生动物，人参、党参、贝母、天麻、木通、细辛、桔梗、沙参、黄芪、刺五加、龙胆草、猪苓和五味子等二百余种的野生中药材。同时流域内矿产资源丰富，是重要的能源和工业原料基地，其中流域内 2011 年规模以上工业总产值为 86997 万元。由于该区域风景秀丽，旅游业也越来越成为其社会经济发展的重要组成部分。研究区 2000—2011 年地区生产总值及三产产值变化趋势如图 5.10 所示。由图 5.10 可以得出，进入 2000 年以来，研究区经济速度发展增快，生产活动势必在加大对自然资源开发的同时，向生态环境排放更多的污染物，给生态环境造成的压力也随之增大。

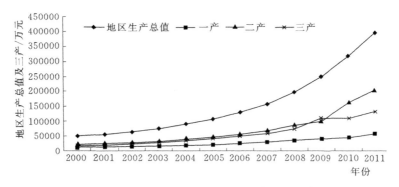

图 5.10　研究区 2000—2011 年地区生产总值及三产产值变化趋势

5.1.3　水环境质量现状

　　正如上文所述，"十五"期间大伙房水库总氮、总磷均处于超标水平，根据 2011 年大伙房水库的水质监测结果，总磷超标情况有所缓解，但总氮依旧处于超标水平，如图 5.11 所示。研究区六河流域水质监测结果与大伙房水库监测结果类似，除总氮外其余指标基本能满足水质目标要求，但总氮超标较为严重。

　　为全面掌握流域水质水环境状况，分别对研究区丰水期和平水期的水

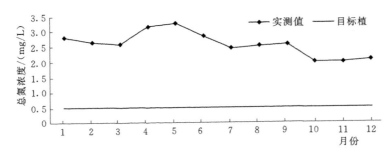

图 5.11   大伙房水库 2011 年各月总氮监测平均浓度

质进行了取样监测，汛期监测取样点位于上游背景断面（华来镇川里村上游）和下游入库断面（东老台桥），非汛期水质监测共设置了五个取样断面，监测断面布设情况见图 5.12。监测项目主要包括：高锰酸盐指数、pH 值、DO、水温、电导率、氨氮、粪大肠菌群、挥发酚、硝酸盐氮、总氮、总磷。

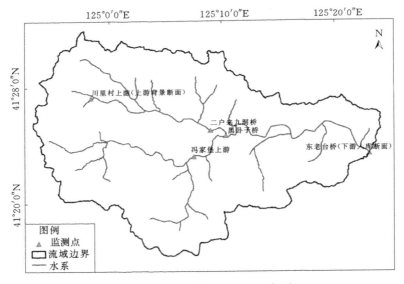

图 5.12   六河水质取样点示意图

结合《地表水环境质量标准》（GB 3838—2002）中 II 类水水质标准，六河流域汛期和非汛期水质监测及评价结果见表 5.3 和表 5.4。

六河水质监测结果表明，除总氮外，其余各项监测值基本均符合国家《地表水环境质量标准》（GB 3838—2002）中 II 类水域水质标准（借鉴湖库标准）。且汛期水质差于非汛期水质。总氮监测结果在汛期和非汛期的差

表 5.3　　　　　　2012 年度研究区汛期水质监测及评价结果　　　　单位：mg/L

监测点位	项目	高锰酸盐指数	BOD₅	DO	pH 值	总磷	氨氮	总氮
上游背景断面	6 月 22 日	0.86	1.2	11.4	7.92	0.037	0.163	2.943
	6 月 23 日	0.78	1	11.3	7.85	0.033	0.173	2.885
	均值	0.82	1.1	11.35	7.885	0.035	0.168	2.914
	水质类别	Ⅰ	Ⅰ	Ⅰ	Ⅰ	Ⅱ	Ⅱ	劣Ⅴ
	污染指数	0.205	0.37	0.331	0.443	0.35	0.336	5.828
	综合污染指数	1.123						
下游入库断面	6 月 22 日	0.94	0.7	10.9	7.83	0.177	0.321	3.316
	6 月 23 日	0.86	0.8	10.8	7.8	0.095	0.316	3.067
	均值	0.9	0.75	10.85	7.815	0.136	0.3185	3.192
	水质类别	Ⅰ	Ⅰ	Ⅰ	Ⅰ	Ⅲ	Ⅱ	劣Ⅴ
	污染指数	0.225	0.25	0.394	0.408	1.36	0.637	6.383
	综合污染指数	1.379						

表 5.4　　　　　　研究区非汛期水质监测及评价结果　　　　单位：mg/L

监测项目	华来镇川里村上游	冯家堡上游	二户来九洞桥	黑卧子桥	东老台桥	标准	单项判定
高锰酸盐指数	1.67	1.58	1.22	1.04	1.48	≤4	合格
pH 值	7.47	7.64	7.55	7.43	7.42	6～9	合格
溶解氧	12.02	11.7	12.64	12.84	12.32	≥6	合格
水温	8.9	8.1	7.6	8.7	8.5	—	—
电导率	13.05	7.28	16.67	15.48	17.48	—	—
氨氮	<0.025	<0.025	0.082	0.057	0.132	≤0.5	合格
粪大肠菌群	1100	1300	270	340	1400	≤2000 个/L	合格
挥发酚	<0.0003	<0.0003	<0.0003	<0.0003	<0.0003	≤0.002	合格
硝酸盐氮	1.196	1.167	1.151	1.191	1.165	≤10	合格
总氮	1.449	1.421	1.281	1.468	1.495	≤0.5	不合格
总磷	0.051	<0.01	0.014	<0.01	0.026	≤0.025	合格

异较大说明农村的生产活动对水体造成较大影响，研究区总氮污染以非点源为主，这与六河流域主要为农田和农户居住区，且沿河道两侧分布有很多分散养殖户的实际调查情况也较为吻合。

针对六河流域其他水质指标符合预期水质目标，而总氮处于严重超标状态这一水污染实际情况，以总氮为污染控制指标进行清洁小流域规划实证研究，为六河流域水质水环境改善奠定基础，为大伙房水库水源区其他有类似水质问题的流域提供借鉴，进而为大伙房水库水质的良好性提供可持续的保障。

5.1.4　水质水环境问题分析

在对研究区进行多次实地调研和分析的基础上，总结出研究区目前水污染负荷控制面临的点源污染问题是华来镇生活污水的处理，主要的非点源污染问题主要为畜禽养殖污染和农田面源污染，分述如下：

（1）畜禽养殖污染严重。随着产业结构调整步伐的不断加快，六河流域内的华来镇、桓仁镇以及木盂子管委会畜禽养殖户数不断增加。六河流域目前规模化畜禽养殖户将近 40 家，其分布如图 5.13 所示，此外，沿河分布有大量散养户，仅华来镇 2011 年的散养户已达 3600 家之多。目前研究区内的畜禽养殖固体粪便采取堆放返田的方式处理，对养殖过程中的废污水基本均没有收集和处理设施。同时，由于很多养殖场均在六河河道两侧很近的范围内，养殖废水直接随雨水排入河道，对六河水质造成严重污染。

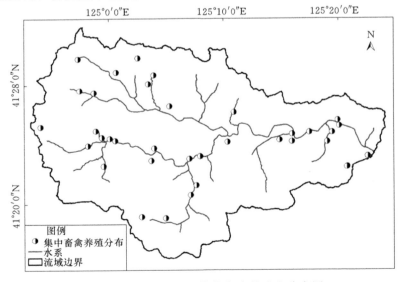

图 5.13　六河流域规模化畜禽养殖户分布图

（2）农田面源污染不容忽视。根据 2011 年《桓仁满族自治县统计年鉴》相关统计数据，研究区内耕地面积约为 11.4 万亩，果园面积 2 万亩，每年使用化肥 5495t，其中氮肥 2725t，磷 518t，钾 425t，复合肥 1827t。折纯 1627t，其中折纯 N：1063t，P_2O_5：306t，K_2O：258t。农作物的化肥利用率仅在 30%～40%，每年流失率约占总量的 20%，流失量约 980t。保护区内每年化学农药施用量为 175t，流失率约 40%，每年流失量为 70t。化肥农药的大量使用对水体污染较重。

（3）华来镇生活污水污染急需处理。近年来，随着华来镇经济社会的发展和人口的聚集，华来镇生活污水污染问题越来越严重。一是生活污水来源增多。主要包括人畜排泄及冲洗粪便产生的污水、居民生活污水。二是污染程度较为严重。由于污水没有经过任何处理直接排放，约 55% 流入六河，进而汇入浑江和大伙房水库，造成水质污染。

5.2　研究区清洁小流域规划分区

根据第 3 章建立的清洁小流域规划分区方法，借助 ArcGIS 及 SWAT 等软件，对研究区进行清洁小流域规划分区，以子流域为控制单元，以行政区、子流域、"三保区"叠加得到的斑块作为污染负荷计算和削减控制的计算单元。

5.2.1　行政区划

根据 2011 年《桓仁满族自治县统计年鉴》，研究区六河流域目前的行政区划如图 5.14 所示。流域范围内主要包括两个建制镇，即华来镇和桓仁镇，其中桓仁镇是桓仁县县中心所在地。

5.2.2　水文分区结果

结合六河流域水系特征及生态环境保护实际需求，利用 SWAT 软件将六河流域划分为 20 个子流域分区，作为清洁小流域规划的控制单元，如图 5.15 所示。结合实际的管理目标，确定每个控制单元的预期水质目标，作为纳污能力的计算的基础。

借助 ArcGIS 软件，将子流域分区结果与流域土地利用类型图相叠加，得到各子流域内土地利用类型的面积统计结果，见表 5.5。

图 5.14　研究区行政区划图

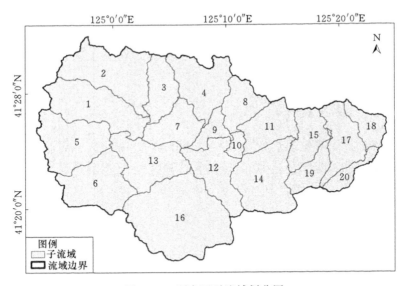

图 5.15　研究区子流域划分图

　　由表 5.5 可知，研究区目前土地利用类型中，林地所占比例较大，占总面积的 80.9%，其次是耕地，占总面积的 15.6%。在每一个控制单元中，林地和耕地均是最主要的土地利用类型。

表 5.5　　　　　　　　　　研究区各子流域土地利用面积　　　　　　　单位：km²

子流域	耕地	公交建设用地	林地	农村居民点	园地	城镇建设用地	水域	自然保留地	总面积
1	9.06	0.05	45.97	0.82	0.14	0	0.8	0	56.84
2	7.22	1.51	51.74	0.67	0.07	0	0.31	0	61.51
3	5.95	0.33	20.7	0.67	0.01	0	0.11	0	27.76
4	5.41	0.04	41.91	0.37	0.08	0	0.2	0.09	45.09
5	7.34	0.73	33.25	0.75	0	0	0.23	0.05	52.36
6	10.43	0.43	71.62	1.21	0	0	0.72	0	50.68
7	0.54	0	1.96	0.1	0	0	0.04	0	29.43
8	3.61	0.03	21.42	0.39	0.05	0	0.07	0	25.56
9	3.39	0.31	7.57	0.12	0	1.04	0.25	0	12.63
10	2.42	0.15	45.97	0.03	0	0	0.12	0	6.09
11	9.3	0.51	10.39	0.91	0.13	0	0.63	0.53	32.09
12	7.06	0.02	13.05	0.69	0	0	0.46	0	40.28
13	5.02	0.18	32.04	0.38	0	0	0.56	0.02	46.86
14	8.61	0.32	40.72	0.72	0	0	0.51	0.31	56.82
15	7.13	0.33	46.35	0.67	0	0	0.66	0.23	27.12
16	6.48	0	18.13	0.94	0	0	0.78	0	107.25
17	11.83	0.6	99.05	1.23	0.11	0	0.65	0.97	34.8
18	1.27	0.56	19.42	0.24	0.18	0	0.07	0.67	17.12
19	0.19	0.02	14.12	0.09	0	0	0.46	0.74	19.2
20	2.1	0.16	17.7	0.21	0	0	0.18	0.19	11.42
合计	114.35	6.28	615.72	11.19	0.77	1.04	7.79	3.82	760.92

5.2.3　"三保区"分区结果

（1）保育区划分。由于研究区内林地面积占总面积的 80% 左右，且通过对坡度图和土地利用类型图的叠加发现，这些林地的坡度基本在 25° 以上。结合国家退耕还林还草政策中禁止开垦 25° 以上陡坡地的规定，以及相关研究得出的坡度大于 25° 的不适宜耕作的结论，将研究区内的林地作为保育区范围。由于保育区坡度较大，为保护其在流域水源涵养等方面功能的良好性，对这类区域内的人类的经营性生产生活活动要加以严格控制，以减少因水土流失等造成的非点源污染。基于上述分析划定的六河清洁小流域规划的保育区划分结果如图5.16中绿色区域。根据现场实地调研情况，目前保育区内人类活动强度较小，其产生的污染负荷主要为天然情况下的污染背景值。

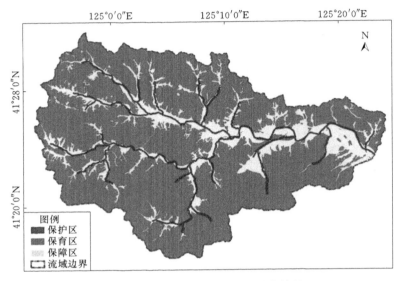

图 5.16　研究区"三保区"划分结果

（2）保护区划分。根据《辽宁省人民政府关于划定大伙房饮用水水源保护区的批复》的相关规定，将六河河道两侧各 100m 范围内的区域划定为清洁小流域规划的保护区，由于距离水体距离很近，与保育区和保障区相比，同样的污染负荷量在这一区域对水体水质造成的威胁最大，从有效保护水质的角度来说，这一区域内应严格限制畜禽养殖、农田种植等人类生产生活活动，并充分发挥其作为水质缓冲带的作用，适合布置适当的植被缓冲带、湿地等措施阻断和截留污染物，削减入河污染负荷。清洁小流域规划中对这一区域进行更加严格控制的体现方式是对其分配得到的纳污能力进行适当调整。研究区的保护区划分结果如图 5.16 红色区域。

（3）保障区划分。将流域内保护区和保障区以外的区域作为清洁小流域规划的保障区，保障区内集中了流域内大部分的生产生活活动，为流域内人口的正常生活提供了重要生活物质及空间保障，同时也是流域内污染负荷的最主要产生区，因此，一般而言，保障区是流域水质水污染防治的关键控制区。研究区的保障区划分结果见图 5.16 中黄色区域。

研究区基于生态功能的差异，划分得到的保育区、保障区、保护区面积统计见表 5.6。其中保育区面积最大，占到总面积的 80% 左右，其次为保障区，保护区面积最小。

表 5.6 研究区保育区、保障区、保护区面积统计表

类型	保护区	保障区	保育区	流域总面积
面积/km²	34.02	120.89	606.04	760.92
百分比/%	4.47	15.89	79.65	100

由于生态功能、地形地貌、排污特征等方面的差异，"三保区"在污染负荷削减治理措施方面也应区别对待。对于保育区，由于位于中山、低山及人烟稀少地区，其主要功能为水土保持涵养和生态调节功能，应通过封禁的方式减少区内的经营性生产生活活动；同时，应对区内居民实施生态移民，尽量将人类活动对生态环境的影响程度降到最低，在污染治理方式方面，应充分发挥保育区自我修复功能，以自然修复为主。对于保障区，由于区内集中了流域内绝大多数的生产生活活动，人口集中、产业集中，是污染物最主要来源和核心控制区域，在清洁小流域规划中应在对流域内物质和空间进行保障的基础上，结合流域污染削减和治理的需求，合理调整保障区内的产业结构及规模等，建设适当的环境治理工程，最大限度的削减区内污染负荷，保障区在污染治理方式上应进行全过程控制，不仅要注重源头治理，同时统筹使用迁移阻断和末端治理等措施，保障水质水环境，改善生活条件。对于保护区，由于其离水体较近，对水体水质产生威胁的可能性最大，因此要对其进行严格控制和保护，通过建设湿地、种植植被等方式发挥河道两侧区域对水体水质的缓冲作用。

5.2.4 计算单元划分结果

将研究区子流域分区、"三保区"及行政区进行叠加嵌套，得到清洁小流域规划的计算单元。这种计算划分方法和思路的优点主要体现在：一方面可以从更小的斑块着手进行污染负荷的统计，提高污染负荷控制的精度和针对性；另一方面，提供了从不同角度对污染负荷进行统计的方法，从而能够从不同管理角度统计污染负荷统计成果，包括从子流域角度、从行政区域角度以及从"三保区"角度，为不同的决策制定者提供更全面的数据支撑，有助于实际管理过程中污染治理措施和管理方案的落实和

执行。

运用 ArcGIS 软件,对研究区行政区划、子流域分区和生态功能分区进行叠加,从而得到研究区六河流域清洁小流域规划的计算单元划分结果,如图 5.17 所示。

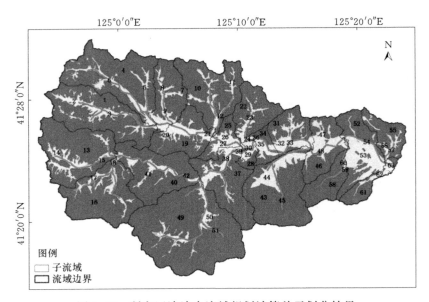

图 5.17　研究区清洁小流域规划计算单元划分结果

由图 5.17 可知,研究区内三种类型的分区叠加后共形成了 21 个控制单元共 63 个计算单元的分区结果,每个控制单元均分布有三种类型的计算单元,即保育区计算单元、保障区计算单元和保护区计算单元。借助 ArcGIS 软件,对各计算单元内土地利用类型面积进行统计,见表 5.7。

表 5.7　研究区内各计算单元内不同土地利用类型的面积统计表　单位:km²

控制单元	计算单元	耕地面积	林地面积	居民点面积	水域面积	合计
1	1	0	44.55	0	0	44.55
	2	7.45	1.31	0.66	0.37	9.79
	3	1.75	0.11	0.21	0.43	2.51
2	4	0	50.17	0	0	50.17
	5	5.61	0.84	1.84	0.08	8.36
	6	1.68	0.73	0.34	0.23	2.98

5.2 研究区清洁小流域规划分区

续表

控制单元	计算单元	耕地面积	林地面积	居民点面积	水域面积	合计
3	7	0	20.66	0	0	20.66
	8	4.86	0.02	0.85	0.01	5.74
	9	1.09	0.02	0.15	0.1	1.36
4	10	0	40.29	0	0	40.29
	11	4.66	0.91	0.18	0.12	5.87
	12	0.92	0.71	0.23	0.08	1.95
5	13	0	32.24	0	0	32.24
	14	6.36	0.36	1.22	0.12	8.06
	15	1.04	0.65	0.26	0.1	2.06
6	16	0	70.97	0	0	70.97
	17	9.15	0.4	1.34	0.41	11.31
	18	1.28	0.25	0.3	0.31	2.14
7	19	0	1.18	0	0	1.18
	20	0.08	0.41	0.01	0.01	0.51
	21	0.46	0.37	0.09	0.03	0.95
8	22	0	21.2	0	0	21.2
	23	3.01	0.14	0.27	0.03	3.45
	24	0.65	0.08	0.15	0.04	0.92
9	25	0	6.86	0	0	6.86
	26	3.19	0.4	1.33	0.01	4.94
	27	0.2	0.31	0.13	0.24	0.88
10	28	0	2.79	0	0	2.79
	29	2.28	0.3	0.17	0.02	2.78
	30	0.14	0.27	0.01	0.1	0.52
11	31	0	6.65	0	0	6.65
	32	3.26	0.2	0.44	0.02	3.92
	33	0.23	0.18	0.06	0.2	0.67

续表

控制单元	计算单元	耕地面积	林地面积	居民点面积	水域面积	合计
12	34	0	12.28	0	0	12.28
	35	6.05	0.44	0.82	0.03	7.35
	36	0.42	0.33	0.1	0.38	1.24
13	37	0	30.3	0	0	30.3
	38	6.12	0.93	0.65	0.02	7.72
	39	0.94	0.81	0.06	0.44	2.25
14	40	0	38.92	0	0	38.92
	41	4.04	0.93	0.41	0.07	5.45
	42	1	0.87	0.14	0.49	2.49
15	43	0	44.26	0	0	44.26
	44	8.27	1.02	0.78	0.05	10.12
	45	0.65	1.07	0.26	0.46	2.44
16	46	0	18.05	0	0	18.05
	47	6.94	0.03	0.97	0.07	8.01
	48	0.42	0.05	0.03	0.59	1.09
17	49	0	95.26	0	0	95.26
	50	5.22	1.84	0.67	0.23	7.97
	51	1.25	1.95	0.27	0.55	4.02
18	52	0	18.32	0	0	18.32
	53	12.57	0.6	1.79	0.12	15.08
	54	0.34	0.5	0.04	0.52	1.4
19	55	0	13.92	0	0	13.92
	56	1.96	0.13	0.57	0	2.67
	57	0.17	0.07	0.23	0.07	0.53
20	58	0	17.36	0	0	17.36
	59	0.43	0.03	0.04	0.19	0.7
	60	0.49	0.31	0.07	0.28	1.15

续表

控制单元	计算单元	耕地面积	林地面积	居民点面积	水域面积	合计
21	61	0	8.57	0	0	8.57
	62	2.18	0.01	0.37	0.05	2.6
	63	0.11	0.01	0	0.14	0.26
合计		118.94	615.72	18.5	7.79	760.92

5.3　污染负荷计算

5.3.1　污染负荷计算方法

本研究实例研究选取的规划水平年为 2015 年，现状水平年为 2010 年。在李怀恩等提出的改进的非点源污染负荷输出系数模型和程红光等提出的不同降雨条件下非点源污染入河系数研究的基础上，结合六河流域水质实际状况，选取总氮作为清洁小流域规划的控制指标。

点源污染负荷排放地点、排放时间及排放量等较为稳定，受降雨、径流等因素影响不大，宜采用调查统计方法进行核算。而对于非点源污染，鉴于流域情况复杂、实验数据缺乏，以及污染物迁移影响因素众多、各种因素的影响机理尚未探明等原因，常常采用非点源污染负荷模型模拟的方法进行非点源污染负荷核算研究。在非点源污染负荷核算方法和模型中，输出系数法因其结构简单、所需参数少等优势而常被采用。因此，本研究对非点源污染负荷的估算采用 Johnes 建立的输出系数法模型。该方法对种植作物不同的耕地采用不同的输出系数；对不同种类牲畜根据其数量和分布采用不同的输出系数；对人口的输出系数则主要根据生活污水的排放和处理状况来选定，很大程度上丰富了输出系数法模型的内容，提高了模型对土地利用状况发生改变的灵敏性。模型方程为

$$L = \sum_{i=1}^{n} E_{ij} A_i (I_i) + P \tag{5.1}$$

式中：L 为营养物流失量；E_i 为第 i 种营养源输出系数；A_i 为第 i 类土地利用类型面积或第 i 种牲畜数量、人口数量；I_i 为第 i 种营养源营养物输入量；P 为降雨输入的营养物量。对于土地利用而言，E_i 表示流域内不同土地利用类型的营养物输出率。对于牲畜而言，它表示牲畜排泄物直接进

入受纳水体的比例。

5.3.2　现状污染负荷计算结果

根据对流域污染情况的实地调研，对研究区内的点源和非点源污染负荷进行核算，其中，点源污染负荷包括工业污染、城镇生活污染、集中畜禽污染；非点源污染负荷分为农田径流污染、农村生活污染及分散畜禽养殖污染。研究区养殖的畜禽主要包括猪、牛和鸡三种类型。为便于统计，对畜禽污染负荷的计算，一般以猪作为标准。因此，构造猪当量指标，结合养殖周期，将不同畜禽根据其粪便氮排放量为依据折算为猪当量。结合研究区经济社会发展特点和土地利用实际状况，根据 2011 年修订的《城镇生活源产排污系数及使用说明》及《第一次污染源普查系数手册》中对各类污染源产排污系数的规定，结合相关学者对大伙房水库水源区的研究，得出研究区各类污染源的 TN 输出系数，可以将这一系数视作多年平均降雨频率下的输出系数，见表 5.8。

表 5.8　　　　　　　　研究区主要污染源 TN 输出系数

类　别	种植用地	林地	牲　畜			居民	
			大牲畜	猪	禽	城镇	农村
TN 输出系数 /[kg/(hm² · a)]	13.18	0.05	10.21	6.43	0.08	3.65	2.19

根据表 5.8 表，得到研究区内主要畜禽养殖类型以 N 为标准的折算系数，见表 5.9。

表 5.9　　　　研究区主要畜禽 TN 输出系数及猪当量折算系数

类　别	牲　畜		
	大牲畜	猪	禽
TN 输出系数/[kg/(ca · a)]	10.21	6.43	0.08
以 N 为标准的折算系数/[kg/(ca · a)]	1.59	1	0.02

点源污染入河系数较高，本研究中工业污染入河系数取 0.9，城镇生活污染入河系数取 0.8，集中畜禽养殖取 0.1；而非点源污染入河系数较之点源污染较低，农村生活污染和分散畜禽养殖污染分别取 0.08，农田径流污染取 0.1。由于研究区位于饮用水水源保护区，根据规定，新增工业污染受到很大程度限制，因此，以 2011 年的工业污染负荷作为规划水平年的工业污染负荷量；同时对于农田污染负荷，通过对研究区历年土地利

5.3 污 染 负 荷 计 算

用面积的统计分析发现，研究区耕地面积年际变化不大，基本维持在110km²左右，因此，规划水平年农田污染负荷以现状水平年为准；而对于生活污染和畜禽养殖污染负荷量，由于目前研究区人口和畜禽养殖量增长较快，则需要采用数学方法对研究区规划水平年的人口和畜禽养殖量进行预测。回归分析法是从事物的因果关系出发，在大量实测数据的基础上，建立自变量与因变量的函数表达式，确定回归模型，并预测事物的发展趋势，是目前各类规划中常用的预测模型，本研究采用回归分析法对规划水平年的农业人口、非农业人口、集中和分散畜禽养殖量进行预测。具体来说，以 2000—2010 年的数据系列为基础，以年份为自变量，以人口和畜禽养殖为因变量，建立一元回归模型；其表达式为

$$y = at + b \tag{5.2}$$

式中：y 为农业人口、非农业人口、集中畜禽养殖量、分散畜禽养殖量；t 为时间，这里以年为步长；a、b 为回归参数。

利用 SPSS 软件的回归分析功能，建立各预测变量与时间的一元线性回归模型。通过预测，规划水平年 2015 年农业人口、非农业人口将分别达到 72270 人和 8278 人；而集中养殖量和分散养殖量（以猪当量计）将分别达到 31050 头和 38020 头。

研究区内不同计算单元规划水平年各类点源和非点源的污染负荷预测结果见表 5.10。

表 5.10　　　研究区规划水平年各计算单元 TN 污染负荷预测

控制单元	计算单元	点源/(t/a)			非点源/(t/a)			总计/(t/a)			百分比/%	
		工业	城镇生活	集中养殖	农田/林地	分散养殖	农村生活	点源	非点源	小计	点源百分比	非点源百分比
1	1	0	0	0	0.08	0	0	0	0.08	0.08	0.00	100.00
	2	0	0	0.52	5.75	0.51	0.28	0.52	6.54	7.06	7.37	92.63
	3	0	0	0.16	1.35	0.15	0.09	0.16	1.59	1.75	9.14	90.86
2	4	0	0	0	0.09	0	0	0	0.09	0.09	0.00	100.00
	5	0	0	0.23	4.35	0.39	0.25	0.23	4.99	5.22	4.41	95.59
	6	0	0	0.09	1.31	0.15	0.05	0.09	1.51	1.6	5.63	94.38
3	7	0	0	0	0.04	0	0	0	0.04	0.04	0.00	100.00
	8	0	0	0.2	3.81	0.44	0.25	0.2	4.5	4.7	4.26	95.74
	9	0	0	0.05	0.86	0.1	0.04	0.05	1	1.05	4.76	95.24

续表

控制单元	计算单元	点源/(t/a)			非点源/(t/a)			总计/(t/a)			百分比/%	
		工业	城镇生活	集中养殖	农田/林地	分散养殖	农村生活	点源	非点源	小计	点源百分比	非点源百分比
4	10	0	0	0	0.07	0	0	0	0.07	0.07	0.00	100.00
	11	0	0	0	3.54	0.21	0.07	0	3.82	3.82	0.00	100.00
	12	0	0	0	0.7	0.08	0.09	0	0.87	0.87	0.00	100.00
5	13	0	0	0	0.06	0	0	0	0.06	0.06	0.00	100.00
	14	0	0	0.99	4.95	0.48	0.27	0.99	5.7	6.69	14.80	85.20
	15	0	0	0.26	0.81	0.13	0.06	0.26	1	1.26	20.63	79.37
6	16	0	0	0	0.12	0	0	0	0.12	0.12	0.00	100.00
	17	0.09	0	0.54	7.18	0.82	0.44	0.63	8.44	9.07	6.95	93.05
	18	0	0	0.11	1	0.16	0.1	0.11	1.26	1.37	8.03	91.97
7	19	0	0	0	0	0	0	0	0	0	0.00	100.00
	20	0	0	0	0.06	0.01	0.01	0	0.08	0.08	0.00	100.00
	21	0	0	0	0.36	0.08	0.04	0	0.48	0.48	0.00	100.00
8	22	0	0	0	0.04	0	0	0	0.04	0.04	0.00	100.00
	23	0	0	0.08	2.33	0.25	0.11	0.08	2.69	2.77	2.89	97.11
	24	0	0	0.02	0.5	0.07	0.06	0.02	0.63	0.65	3.08	96.92
9	25	0	0	0	0.01	0	0	0	0.01	0.01	0.00	100.00
	26	0	0	0	2.51	0.08	0.05	0	2.64	2.64	0.00	100.00
	27	0	0	0	0.16	0.02	0	0	0.18	0.18	0.00	100.00
10	28	0	0	0	0.01	0	0	0	0.01	0.01	0.00	100.00
	29	1.78	8.51	0.08	1.79	0.02	0.01	10.37	1.82	12.19	85.07	14.93
	30	0	0	0.02	0.11	0	0	0.02	0.11	0.13	15.38	84.62
11	31	0	0	0	0.01	0	0	0	0.01	0.01	0.00	100.00
	32	0	0	0.12	2.44	0.21	0.13	0.12	2.78	2.9	4.14	95.86
	33	0	0	0	0.17	0.04	0.02	0	0.23	0.23	0.00	100.00
12	34	0	0	0	0.02	0	0	0	0.02	0.02	0.00	100.00
	35	0	0	0	1.55	0.14	0.08	0	1.77	1.77	0.00	100.00
	36	0	0	0	0.11	0.03	0.01	0	0.15	0.15	0.00	100.00

续表

控制单元	计算单元	点源/(t/a)			非点源/(t/a)			总计/(t/a)			百分比/%	
		工业	城镇生活	集中养殖	农田/林地	分散养殖	农村生活	点源	非点源	小计	点源百分比	非点源百分比
13	37	0	0	0	0.05	0	0	0	0.05	0.05	0.00	100.00
	38	0	0	0	4.8	0.42	0.28	0	5.5	5.5	0.00	100.00
	39	0	0	0	0.73	0.14	0.03	0	0.9	0.9	0.00	100.00
14	40	0	0	0	0.07	0	0	0	0.07	0.07	0.00	100.00
	41	0	0	0.39	3.16	0.2	0.13	0.39	3.49	3.88	10.05	89.95
	42	0	0	0.21	0.78	0.11	0.04	0.21	0.93	1.14	18.42	81.58
15	43	0	0	0	0.08	0	0	0	0.08	0.08	0.00	100.00
	44	0	0	0.33	6.26	0.46	0.24	0.33	6.96	7.29	4.53	95.47
	45	0	0	0.09	0.49	0.12	0.08	0.09	0.69	0.78	11.54	88.46
16	46	0	0	0	0.03	0	0	0	0.03	0.03	0.00	100.00
	47	0	0	0.6	5.27	0.48	0.29	0.6	6.04	6.64	9.04	90.96
	48	0	0	0.08	0.32	0.07	0.01	0.08	0.4	0.48	16.67	83.33
17	49	0	0	0	0.17	0	0	0	0.17	0.17	0.00	100.00
	50	0	0	0.28	4.1	0.46	0.3	0.28	4.86	5.14	5.45	94.55
	51	0	0	0.19	0.98	0.3	0.12	0.19	1.4	1.59	11.95	88.05
18	52	0	0	0	0.03	0	0	0	0.03	0.03	0.00	100.00
	53	0	0	1.07	9.03	0.91	0.53	1.07	10.47	11.54	9.27	90.73
	54	0	0	0.1	0.24	0.09	0.01	0.1	0.34	0.44	22.73	77.27
19	55	0	0	0	0.02	0	0	0	0.02	0.02	0.00	100.00
	56	0	0	0	0.92	0.16	0.08	0	1.16	1.16	0.00	100.00
	57	0	0	0	0.14	0	0	0	0.14	0.14	0.00	100.00
20	58	0	0	0	0.03	0	0	0	0.03	0.03	0.00	100.00
	59	0	0	0	0.07	0.03	0.01	0	0.11	0.11	0.00	100.00
	60	0	0	0	0.08	0.05	0.02	0	0.15	0.15	0.00	100.00
21	61	0	0	0	0.01	0	0	0	0.01	0.01	0.00	100.00
	62	0	0	1.22	1.56	0.15	0.09	1.22	1.8	3.02	40.40	59.60
	63	0	0	0.12	0.08	0.02	0	0.12	0.1	0.22	54.55	45.45
合计		1.87	8.51	8.17	87.71	8.77	4.81	18.55	101.29	119.84	15.48	84.52

由污染负荷的预测结果可知，研究区内污染负荷主要来自于非点源污染，占总负荷量的近 85%，在非点源污染负荷中，贡献最大的为农田污染负荷；点源污染负荷的主要贡献者为城镇生活和集中养殖。正如上文所述，计算单元是子流域、"三保区"、行政区叠加得到的，因此在各计算单元污染负荷的基础上，可以从水文分区、"三保区"、行政区三个不同角度对污染负荷进行汇总，从而为流域内污染负荷削减工程设施的布置、产业结构和规模的调整、不同管理部门共同参与水质水环境治理等提供多角度的决策支撑。

研究区各类污染源在总污染负荷中所占比例如图 5.18 所示。可以看出，目前研究区污染负荷总量中，贡献率比较大的污染源为农田污染，其次是畜禽养殖污染以及生活污染，工业污染在污染负荷总量中所占比例较小。因此，研究区污染负荷控制的重点为农业污染、畜禽养殖以及生活污染负荷削减。

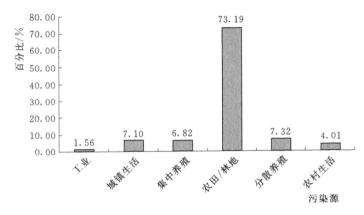

图 5.18　研究区各类污染源在总污染负荷中所占比例

从子流域、"三保区"和行政区三个不同角度分别对污染负荷进行汇总，得到研究区规划水平年污染负荷预测结果，见表 5.11～表 5.13。

表 5.11　　　研究区按子流域统计的污染负荷预测结果

子流域	点源/(t/a)			非点源/(t/a)			小计/(t/a)			百分比/%	
	工业	城镇生活	集中养殖	农田/林地	分散养殖	农村生活	点源	非点源	合计	点源比例	非点源比例
1	0.00	0.00	0.68	7.19	0.67	0.36	0.68	8.22	8.90	7.64	92.36
2	0.00	0.00	0.33	5.75	0.54	0.30	0.33	6.59	6.91	4.72	95.28

续表

子流域	点源/(t/a)			非点源/(t/a)			小计/(t/a)			百分比/%	
	工业	城镇生活	集中养殖	农田/林地	分散养殖	农村生活	点源	非点源	合计	点源比例	非点源比例
3	0.00	0.00	0.25	4.70	0.54	0.30	0.25	5.54	5.79	4.28	95.72
4	0.00	0.00	0.00	4.32	0.30	0.16	0.00	4.78	4.78	0.00	100.00
5	0.00	0.00	1.25	5.82	0.61	0.33	1.25	6.76	8.01	15.65	84.35
6	0.09	0.00	0.65	8.30	0.98	0.54	0.74	9.82	10.56	6.98	93.02
7	0.00	0.00	0.00	0.43	0.08	0.05	0.00	0.56	0.56	0.00	100.00
8	0.00	0.00	0.10	2.87	0.31	0.17	0.10	3.35	3.46	2.95	97.05
9	0.00	0.00	0.00	2.67	0.10	0.05	0.00	2.83	2.83	0.00	100.00
10	1.78	8.51	0.10	1.90	0.02	0.01	10.39	1.94	12.33	84.28	15.72
11	0.00	0.00	0.12	2.62	0.25	0.15	0.12	3.02	3.14	3.77	96.23
12	0.00	0.00	0.00	1.68	0.17	0.09	0.00	1.94	1.94	0.00	100.00
13	0.00	0.00	0.00	5.59	0.56	0.31	0.00	6.46	6.46	0.00	100.00
14	0.00	0.00	0.60	4.01	0.31	0.17	0.60	4.48	5.08	11.87	88.13
15	0.00	0.00	0.42	6.83	0.59	0.32	0.42	7.73	8.16	5.18	94.82
16	0.00	0.00	0.68	5.62	0.54	0.30	0.68	6.46	7.14	9.52	90.48
17	0.00	0.00	0.47	5.25	0.77	0.42	0.47	6.43	6.90	6.80	93.20
18	0.00	0.00	1.18	9.31	1.00	0.55	1.18	10.85	12.02	9.77	90.23
19	0.00	0.00	0.00	1.02	0.19	0.11	0.00	1.32	1.32	0.00	100.00
20	0.00	0.00	0.00	0.18	0.07	0.04	0.00	0.29	0.29	0.00	100.00
21	0.00	0.00	1.34	1.66	0.17	0.09	1.34	1.92	3.26	41.13	58.87
合计	1.87	8.51	8.17	87.71	8.77	4.81	18.55	101.29	119.84	15.48	84.52

表 5.12   研究区按"三保区"统计的污染负荷预测结果

三保区	点源/(t/a)			非点源/(t/a)			小计/(t/a)			百分比/%	
	工业	城镇生活	集中养殖	农田/林地	分散养殖	农村生活	点源	非点源	合计	点源比例	非点源比例
保育区	0.00	0.00	0.00	1.05	0.00	0.00	0.00	1.05	1.05	0.00	100.00
保障区	1.87	8.51	6.67	75.44	6.83	3.91	17.05	86.18	103.22	16.52	83.48
保护区	0.00	0.00	1.50	11.23	1.94	0.90	1.50	14.06	15.57	9.65	90.35
合计	1.87	8.51	8.17	87.71	8.77	4.81	18.55	101.29	119.84	15.48	84.52

表 5.13　　　　　研究区按行政区统计的污染负荷预测结果

行政区	点源/(t/a)			非点源/(t/a)			小计/(t/a)			百分比/%	
	工业	城镇生活	集中养殖	农田/林地	分散养殖	农村生活	点源	非点源	合计	点源比例	非点源比例
华来镇	1.87	8.51	4.37	64.23	6.32	3.47	14.75	74.03	88.78	20.90	79.10
桓仁镇	0.00	0.00	3.80	23.48	2.44	1.34	3.80	27.26	31.06	12.23	87.77
合计	1.87	8.51	8.17	87.71	8.77	4.81	18.55	101.29	119.84	15.48	84.52

5.4　纳污能力计算

5.4.1　计算方法

根据上文中建立的纳污能力计算模型，结合大伙房水源保护区对汇水区水质的要求，对六河流域各控制单元的点源和非点源纳污能力进行计算，为各控制单元污染负荷削减量的确定奠定基础。

(1) 设计流量。根据研究区内四道河子水文站 1961—2010 年共 50 年的水文监测资料，按照清洁小流域规划纳污能力计算模型，点源纳污能力计算采用的 90% 保证率最枯月平均流量，非点源纳污能力计算采用 50% 保证率月平均流量作为设计流量。表 5.14 为四道河子水文站以上 2 种保证率下的月平均流量。

表 5.14　　　　四道河子水文站 90% 和 50% 保证率下月平均流量　　　单位：m³/s

保证率	1 月	2 月	3 月	4 月	5 月	6 月	7 月	8 月	9 月	10 月	11 月	12 月
90%	1.27	0.83	1.34	1.86	2.63	3.55	7.44	2.99	7.52	2.50	1.36	0.99
50%	0.73	0.64	1.39	2.35	4.59	12.90	6.65	5.90	15.50	3.03	3.06	3.05

(2) 水质目标与污染指标。纳污能力是满足水功能区水质要求的污染物最大允许负荷量。水质目标的选择是纳污能力计算的基本依据，规划水域水质目标的确定必须以其水域功能为前提。根据《辽宁省大伙房饮用水水源保护区划定方案》(辽政〔2009〕172 号) 六河流域在该方案划定的准保护区和二级保护区内。且鉴于六河流域是大伙房饮用水的水源地，确定六河清洁小流域规划的目标，即六河入浑江断面全年水质达到地表水水质Ⅱ类标准，且各子流域出口水质均控制在Ⅱ类水标准。同时，根据大伙房

水库及六河的水质监测结果，目前总氮处于超标状态，以总氮作为清洁小流域规划的控制指标。

（3）模型选取与参数确定。根据实地调研及相关统计资料的分析，研究区内的河段均为流量 Q 小于 $150\text{m}^3/\text{s}$ 的中小型河段，根据《水域纳污能力计算规程》，可假设污染物在河段横断面上均匀混合，采用河流一维模型计算水域纳污能力。纳污能力按照第 4 章介绍的公式计算，污染物衰减系数为

$$K = \frac{u}{\Delta X}\ln\frac{C_A}{C_B} \qquad\qquad (5.3)$$

式中：u 为河道断面的平均流速，m/s；ΔX 为上下断面之间距离，m；C_A 为上断面污染物浓度，mg/L；C_B 为下断面污染物浓度，mg/L。

本研究实例中根据实际水质监测结果，计算得 TN 降解系数 $k = 0.4\text{L/d}$。

5.4.2 计算结果及分析

根据上述条件，研究区各控制单元 TN 纳污能力计算结果见表 5.15。

表 5.15　　　　　　　研究区各子流域 TN 纳污能力计算结果

控制单元	纳　污　能　力				
	点源/(t/a)	百分比/%	非点源/(t/a)	百分比/%	合计/(t/a)
1	0.39	29.74	0.93	70.26	1.32
2	0.38	23.66	1.21	76.34	1.59
3	0.34	26.18	0.95	73.82	1.29
4	0.18	25.67	0.52	74.33	0.70
5	0.25	29.06	0.61	70.94	0.86
6	0.22	30.48	0.51	69.52	0.74
7	0.56	20.10	2.22	79.90	2.78
8	0.04	17.90	0.19	82.10	0.23
9	0.51	21.65	1.84	78.35	2.35
10	1.20	26.63	3.31	73.37	4.51
11	2.96	27.92	7.65	72.08	10.61
12	1.27	27.92	3.28	72.08	4.55
13	1.67	25.32	4.91	74.68	6.58

续表

控制单元	纳 污 能 力				
	点源/(t/a)	百分比/%	非点源/(t/a)	百分比/%	合计/(t/a)
14	0.79	20.92	3.00	79.08	3.79
15	0.31	23.04	1.04	76.96	1.35
16	1.80	28.60	4.50	71.40	6.30
17	0.77	28.40	1.95	71.60	2.72
18	2.82	23.06	9.40	76.94	12.22
19	0.03	25.42	0.10	74.58	0.13
20	0.08	24.84	0.26	75.16	0.34
21	0.49	24.60	1.49	75.40	1.97
合计	17.06	25.50	49.85	74.50	66.92

结合上文对研究区规划水平年污染负荷的预测，规划水平年 2015 年 TN 的污染负荷总量为 119.84t/a，而纳污能力仅为 66.92t/a，削减量为 52.92t/a，削减比例达 44.16%。污染负荷计算和削减量与研究区内水质监测结果较为吻合。因此为保障六河流域汇入大伙房水库的水质的良好性，必须对流域内污染负荷削减量进行科学合理的分配。在纳污能力计算结果的基础上，首先以控制单元为基本单元，确定研究区内各控制单元 TN 污染负荷削减量和削减比例。

(1) 各控制单元点源削减量和削减比例。结合研究区各控制单元对点源污染纳污能力及规划水平年污染负荷预测结果，经计算得出各控制单元内非点源污染负荷的削减量和削减比例，见表 5.16。

表 5.16　研究区各控制单元点源污染削减量和削减比例

子流域	纳污能力/(t/a)	污染负荷/(t/a)	削减量/(t/a)	削减比例/%
1	0.39	0.68	0.29	42.65
2	0.38	0.33	0	0.00
3	0.34	0.25	0	0.00
4	0.18	0	0	0.00
5	0.25	1.25	1	80.00

续表

子流域	纳污能力/(t/a)	污染负荷/(t/a)	削减量/(t/a)	削减比例/%
6	0.22	0.74	0.52	70.27
7	0.56	0	0	0.00
8	0.04	0.1	0.06	60.00
9	0.51	0	0	0.00
10	1.2	10.39	9.19	88.45
11	2.96	0.12	0	0.00
12	1.27	0	0	0.00
13	1.67	0	0	0.00
14	0.79	0.6	0	0.00
15	0.31	0.42	0	0.00
16	1.8	0.68	0	0.00
17	0.77	0.47	0	0.00
18	2.82	1.18	0	0.00
19	0.03	0	0	0.00
20	0.08	0	0	0.00
21	0.49	1.34	0.85	63.43
合计	17.06	18.55	1.49	8.03

从表 5.16 可以得出,为达到预期水质目标,研究区规划水平年有 6 个控制单元需要削减点源污染负荷,分别是控制单元 1、5、6、8、10 和 21。且需要削减污染负荷的控制单元污染负荷的削减比例基本均超过 50%,造成这一结果的主要原因是目前研究区内集中畜禽养殖场以及城镇人口分布不均引起的。点源污染负荷削减在研究区内的分布如图 5.19 所示。控制单元 10 需要削减的污染负荷量最大,达到 9.19t/a,这主要由于华来镇城镇居民主要集中在控制单元 10 内而造成的。

(2) 控制单元非点源污染负荷削减量。结合研究区各控制单元对非点源污染纳污能力及规划水平年污染负荷预测结果,经计算得出各控制单元内非点源污染负荷的削减量和削减比例,见表 5.17。

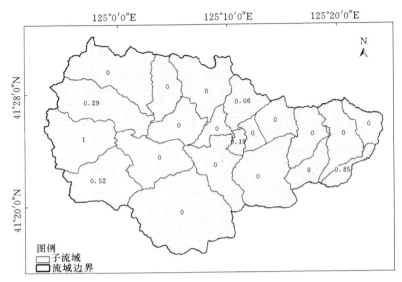

图5.19 研究区内各控制单元点源污染负荷削减量(单位:t/a)

表5.17 研究区各控制单元非点源污染削减量和削减比例

控制单元	纳污能力/(t/a)	污染负荷/(t/a)	削减量/(t/a)	削减比例/%
1	0.93	8.22	7.29	88.69
2	1.21	6.59	5.38	81.64
3	0.95	5.54	4.59	82.85
4	0.52	4.78	4.26	89.12
5	0.61	6.76	6.15	90.98
6	0.51	9.82	9.31	94.81
7	2.22	0.56	0	0.00
8	0.19	3.35	3.16	94.33
9	1.84	2.83	0.99	34.98
10	3.31	1.94	0	0.00
11	7.65	3.02	0	0.00
12	3.28	1.94	0	0.00
13	4.91	6.46	1.55	23.99

续表

控制单元	纳污能力/(t/a)	污染负荷/(t/a)	削减量/(t/a)	削减比例/%
14	3.00	4.48	1.48	33.04
15	1.04	7.73	6.69	86.55
16	4.50	6.46	1.96	30.34
17	1.95	6.43	4.48	69.67
18	9.40	10.85	1.45	13.36
19	0.10	1.32	1.22	92.42
20	0.26	0.29	0.03	10.34
21	1.49	1.92	0.43	22.40
合计	49.85	101.29	60.42	59.65

由表 5.17 可知，为达到预期水质目标，除了控制单元 7、10、11 和 12 不需要削减非点源污染负荷，研究区内其余控制单元均需要对非点源污染负荷进行削减。部分控制单元污染负荷的削减比例超过 50%，这主要是由于流域内畜禽散养量大、化肥施用量多造成的。非点源污染负荷削减在研究区内的分布如图 5.20 所示。

图 5.20 研究区内各控制单元非点源污染负荷削减量分布（单位：t/a）

5.5 污染物削减总量分配

确定各控制单元削减量后，需要对各控制单元内的污染削减任务进行层层分配、逐级落实，以保证清洁小流域规划目标的实现。在上述分析的基础上，结合源头减排、过程控制和末端治理的污染物全过程防治思路，以控制单元为基础，将削减任务分两步实现，一次分配：将点源纳污能力和非点源纳污能力从研究区 21 个控制单元分别分配到其所包含的各计算单元，污染负荷与纳污能力之差即污染物削减量；二次分配：采用目标优化方法，确定研究区 63 个计算单元内的各类污染源的负荷削减量。

在污染负荷削减措施的选择上，结合上述对研究区各类污染负荷比重的分析，确定污染负荷削减的重点是农田径流污染、畜禽养殖污染以及生活污染。对于农田径流污染，可以采取的措施包括平衡施肥、实施退耕还林、推行少免耕作、设置等高植物篱等 BMPs 措施；对于畜禽养殖污染，可采取的措施包括减少畜禽养殖量、建立粪便处理设施（结合研究区实际，选择小型沼气池）；对于城镇生活污染源，可采取建立小型污水处理厂的污染治理措施，对于农村生活污染源，同样可以选择小型沼气池等方式对污染负荷进行削减。从污染负荷进行全过程控制的角度来说，源头治理措施包括：退耕还林、减少畜禽养殖量；过程阻断措施包括：平衡施肥、推行少免耕作、设置等高植物篱等；末端治理措施包括：建设小型污水处理厂、沼气池等环境工程措施。各类措施的实施规模要结合其经济成本、污染负荷削减效果以及研究区实际需求等因素综合确定。

5.5.1 一次分配结果

清洁小流域规划的污染物削减一次分配为负荷削减在各控制单元内不同计算单元之间的分配。根据"三保区"划分依据，保育区内严禁人类生活生产活动，且根据对研究区的实地调研，目前林地保护较好，受人类生产生活影响程度很小，因此研究区控制单元内保育区计算单元纳污能力分配以现状排污量为基准。对于保护区和保障区，将控制单元总纳污能力去除保育区的分配量后，结合构建的基于控制单元污染负荷超标率修正因子，在保护区计算单元和保障区计算单元之间进行合理分配削减量。

（1）点源污染物削减一次分配。由上文对研究区点源污染负荷预测以及纳污能力的计算结果，规划水平年只有六个子流域需要削减点源污染负荷。结合上文建立的修正的贡献率分配方法，确定需要削减点源污染负荷的各控制单元的点源污染负荷超标率。进而得出控制单元 1、5、6、8、10和 21 的点源削减量分配结果，见表 5.18。

计算单元污染负荷与相应的纳污能力之差即为负荷削减量，按公式第四章的方法计算得到相关控制单元的点源污染负荷削减量，见表 5.19。

表 5.18　　　　　研究区点源污染纳污能力分配结果

控制单元	点源纳污能力 /(t/a)	点源负荷量（t/a）			$\dfrac{1}{\alpha}$	纳污能力分配/(t/a)		
		保育区计算单元	保障区计算单元	保护区计算单元		保育区计算单元	保障区计算单元	保护区计算单元
1	0.39	0	0.52	0.16	0.57	0	0.34	0.05
5	0.25	0	0.99	0.26	0.20	0	0.24	0.01
6	0.22	0	0.63	0.11	0.30	0	0.21	0.01
8	0.04	0	0.08	0.02	0.40	0	0.04	0
10	1.2	0	10.38	0.02	0.12	0	1.2	0
21	0.49	0	1.22	0.12	0.37	0	0.47	0.02
合计	2.59	0	13.82	0.69	—	0	0.34	0.05

表 5.19　　　研究区相关控制单元点源污染负荷削减量一次分配结果

控制单元	污染负荷削减量/(t/a)		
	保育区计算单元	保障区计算单元	保护区计算单元
1	0	0.18	0.11
5	0	0.75	0.25
6	0	0.42	0.1
8	0	0.04	0.02
10	0	9.18	0.02
21	0	0.75	0.1
合计	0	11.32	0.6

（2）非点源污染削减量一次分配。由上文对研究区非点源污染负荷和纳污能力的计算结果，规划水平年除了控制单元 7、10、11、12 外，其余的 17 个控制单元均需要削减非点源污染负荷。控制单元非点源污染负荷削减一次分配结果见表 5.20。

表 5.20　　　　　　　研究区非点源污染物纳污能力分配结果

控制单元	非点源纳污能力/(t/a)	非点源污染负荷/(t/a)			$\frac{1}{\alpha}$	纳污能力分配/(t/a)		
		保育区计算单元	保障区计算单元	保护区计算单元		保育区计算单元	保障区计算单元	保护区计算单元
1	0.93	0.08	6.54	1.59	0.11	0.00	0.76	0.09
2	1.21	0.09	4.99	1.51	0.18	0.00	0.98	0.15
3	0.95	0.04	4.50	1.00	0.17	0.00	0.82	0.09
4	0.52	0.07	3.83	0.88	0.11	0.00	0.4	0.05
5	0.61	0.06	5.70	1.00	0.09	0.00	0.51	0.04
6	0.51	0.12	8.44	1.26	0.05	0.00	0.36	0.03
8	0.19	0.04	2.69	0.63	0.06	0.00	0.14	0.02
9	1.84	0.01	2.64	0.18	0.65	0.00	1.77	0.06
13	4.91	0.05	5.50	0.90	0.76	0.00	4.49	0.37
14	3	0.07	3.48	0.93	0.67	0.00	2.59	0.34
15	1.04	0.08	6.96	0.70	0.13	0.00	0.92	0.05
16	4.5	0.03	6.04	0.39	0.70	0.00	4.33	0.14
17	1.95	0.17	4.86	1.41	0.30	0.00	1.56	0.22
18	9.4	0.03	10.48	0.34	0.87	0.00	9.22	0.15
19	0.1	0.02	1.15	0.14	0.08	0.00	0.07	0
20	0.26	0.03	0.11	0.15	0.90	0.00	0.15	0.08
21	1.49	0.01	1.81	0.10	0.78	0.00	1.44	0.04
合计	33.41	1	79.72	13.11	—	0	30.51	1.92

进而得到相关控制单元的非点源污染负荷削减量，见表 5.21。

表 5.21　　　　　研究区非点源污染物负荷削减一次分配结果

控制单元	削减分配量/(t/a)		
	保育区计算单元	保障区计算单元	保护区计算单元
1	0	5.78	1.5
2	0	4.01	1.36
3	0	3.68	0.91
4	0	3.43	0.83

控制单元	削减分配量/(t/a)		
	保育区计算单元	保障区计算单元	保护区计算单元
5	0	5.19	0.96
6	0	8.08	1.23
8	0	2.55	0.61
9	0	0.87	0.12
13	0	1.01	0.53
14	0	0.89	0.59
15	0	6.04	0.65
16	0	1.71	0.25
17	0	3.3	1.19
18	0	1.26	0.19
19	0	1.08	0.14
20	0	0	0.07
21	0	0.37	0.06
合计	0	49.25	11.19

5.5.2 二次分配

清洁小流域规划中污染负荷削减量的二次分配需要结合源头控制、迁移阻断和末端治理的具体措施，在一定的分配原则和污染削减量约束条件下，根据各类措施削减同样质量的污染负荷所需要投入的成本，进行各类措施的组合优化。非点源污染削减措施的选择可在借鉴 BMPs 研究的基础上，结合研究区实际情况综合确定。本研究结合研究区经济社会发展实际，拟采用的畜禽养殖污染负荷削减措施包括源头削减（减少畜禽养殖量）和末端治理（建立家用小型一体化沼气池）措施；农村生活污染削减措施拟采用沼气池的末端处理方式；农田径流污染负荷控制方面拟采用源头削减（平衡施肥技术）和迁移阻断（植被过滤带）的措施。而对于点源污染，正如上文所述，研究区内点源污染负荷削减任务主要为华来镇城镇生活污水处理，结合研究区实际需求，选择建设小型污水处理厂的末端治理措施。研究区清洁小流域规划中拟选择的污染负荷削减措施方案见图 5.21。

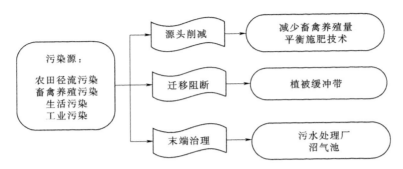

图 5.21　研究区清洁小流域规划备选的负荷削减措施

（1）点源污染削减量分配。通过上文的分析和计算结果，只有控制单元 1、5、6、8、10 和 21 内的点源污染负荷超标。则研究区内点源污染负荷削减二次分配涉及的控制单元及规划水平年污染负荷预测结果见表 5.22。

表 5.22　　　研究区相关计算单元点源污染负荷及其纳污能力

保障区计算单元	点源负荷/(t/a)			分配削减量/(t/a)	保护区计算单元	点源负荷/(t/a)			分配削减量/(t/a)
	工业	城镇生活	集中养殖			工业	城镇生活	集中养殖	
2	0.00	0.00	0.52	0.18	3	0.00	0.00	0.16	0.11
14	0.00	0.00	0.99	0.75	15	0.00	0.00	0.26	0.25
17	0.09	0.00	0.54	0.42	18	0.00	0.00	0.11	0.10
23	0.00	0.00	0.08	0.04	24	0.00	0.00	0.02	0.02
29	1.78	8.51	0.08	9.18	30	0.00	0.00	0.02	0.02
62	0.00	0.00	1.22	0.75	63	0.00	0.00	0.12	0.10

由表 5.22 可知，在上述 10 个计算单元内，除了第 29 个计算单元，其余的污染负荷只能通过削减集中畜禽养殖污染负荷量来实现，途径可以是建立集中畜禽养殖场的末端治理工程，也可以是减少畜禽养殖量。对于末端治理设施，通过实地调研，根据相关研究结果，目前研究区正推广使用小型一体化沼气设施，结合研究区的这一实际需求，选取小型沼气池作为本研究中畜禽养殖粪便末端治理方案。根据实际调研，年处理粪便量为 3t 的一体化沼气设施购买和建设费用约为 3000 元，畜禽粪便含氮量按照 2.5% 计算，入河系数按照 0.1 计算，则通过家用沼气设施减少 1t 氮的入

河污染负荷所需要投入的费用约为 40 万元；若采用源头削减的方式来减少畜禽养殖污染负荷量，选取猪作为计算依据，每减少养殖一头猪可削减的污染负荷约为 6.43kg/年，入河系数按照 0.1 计算，通过实地调研目前研究区养殖一头猪的净利润约 450 元，按照这一标准计算，通过减少畜禽养殖量的方式减少 1t 畜禽养殖氮污染入河量造成的经济损失约 69.99 万元。因此，对于任意一个计算单元，其点源污染负荷分配模型可以简化为这两种畜禽养殖污染削减措施的选择，目标优化模型为

$$\min E(\Delta P) = 40\Delta P_1 + 69.99\Delta P_2$$

$$s.t \begin{cases} \Delta P_1 + \Delta P_2 = \Delta P \\ 0 \leqslant \Delta P_1 \leqslant P_1 \\ 0 \leqslant \Delta P_2 \leqslant P_2 \end{cases} \qquad (5.4)$$

式中：ΔP_1 和 ΔP_2 分别为需要建设的采用一体化沼气设施和减少养殖量的两者的削减量；ΔP 为每个计算单元内需要削减的集中畜禽养殖污染负荷量；P_1 和 P_2 分别为通过建设小型沼气池和减少养殖量可以削减的最大污染负荷量。很显然，对于上述单目标优化函数，为使污染治理的投入成本最小化，必须将让畜禽养殖末端治理设施承担尽量大的削减量，在此基础上，剩余的削减量由减少畜禽养殖量的方式来实现。

对于第 29 个计算单元，由于其是华来镇镇中心所在地，且目前该区尚未建设集中的城镇生活污水处理设施，因此，该计算单元内除了要为集中畜禽养殖场建设小型沼气池外，结合桓仁县污染治理总体规划方案，需建设小型污水处理厂来削减城镇生活和工业污染负荷，以实现对研究区内点源污染排放的浓度控制。这两者之间的削减比例按照同比例进行削减。相关计算单元点源污染负荷削减量分配结果见表 5.23。

表 5.23　　研究区相关计算单元点源污染负荷削减分配结果

保障区计算单元	削减二次分配结果/(t/a)			保护区计算单元	削减二次分配结果/(t/a)		
	工业	城镇生活	集中养殖		工业	城镇生活	集中养殖
2	0.00	0.00	0.18	3	0.00	0.00	0.11
14	0.00	0.00	0.75	15	0.00	0.00	0.25
17	0.00	0.00	0.33	18	0.00	0.00	0.10
23	0.00	0.00	0.04	24	0.00	0.00	0.02
29	0.21	0.99	0.00	30	0.00	0.00	0.02
62	0.00	0.00	0.75	63	0.00	0.00	0.10

（2）非点源污染源削减量分配。根据上文分析计算结果，研究区需要对非点源污染负荷进行削减的计算单元的点源和非点源污染负荷和削减量见表 5.24。

表 5.24　　研究区相关计算单元非点源污染负荷及削减量

保障区计算单元	污染负荷/(t/a)			分配纳污能力/(t/a)	削减量/(t/a)
	农田/林地	分散养殖	农村生活		
2	5.75	0.51	0.28	0.76	5.78
3	1.35	0.15	0.09	0.09	1.50
5	4.35	0.39	0.25	0.98	4.01
6	1.31	0.15	0.05	0.15	1.36
8	3.81	0.44	0.25	0.82	3.68
9	0.86	0.10	0.04	0.09	0.91
11	3.54	0.21	0.07	0.4	3.43
12	0.70	0.08	0.09	0.05	0.83
14	4.95	0.48	0.27	0.51	5.19
15	0.81	0.13	0.06	0.04	0.96
17	7.18	0.82	0.44	0.36	8.08
18	1.00	0.16	0.10	0.03	1.23
23	2.33	0.25	0.11	0.14	2.55
24	0.50	0.07	0.06	0.02	0.61
26	2.51	0.08	0.05	1.77	0.87
27	0.16	0.02	0.00	0.06	0.12
38	4.80	0.42	0.28	4.49	1.01
39	0.73	0.14	0.03	0.37	0.53
41	3.16	0.20	0.13	2.59	0.89
42	0.78	0.11	0.04	0.34	0.59
44	6.26	0.46	0.24	0.92	6.04
45	0.49	0.12	0.08	0.05	0.65
47	5.27	0.48	0.29	4.33	1.71
48	0.32	0.07	0.01	0.14	0.25
50	4.10	0.46	0.30	1.56	3.30
51	0.98	0.30	0.12	0.22	1.19
53	9.03	0.91	0.53	9.22	1.26

续表

保障区 计算单元	污染负荷/(t/a)			分配纳污能力 /(t/a)	削减量 /(t/a)
	农田/林地	分散养殖	农村生活		
54	0.24	0.09	0.01	0.15	0.19
56	0.92	0.16	0.08	0.07	1.08
57	0.08	0.03	0.03	0	0.14
59	0.07	0.03	0.01	0.15	0.00
60	0.08	0.05	0.02	0.08	0.07
62	1.56	0.15	0.09	1.44	0.37
63	0.08	0.02	0.00	0.04	0.06

结合研究区实际情况，在农田污染负荷削减方面，针对目前研究区化肥施用量偏多的实际情况（亩均达 40kg/a），拟实施减氮、稳磷、补钾平衡施肥，投入大概为每亩地 40 元，每亩可减少氮肥施用量 10kg，按 20% 流失率计算，每年每亩可减少化肥入河量 2t，氮肥中氮素含量按照 18% 来计算，那么，通过平衡施肥的源头削减措施每削减 1t 农田氮污染负荷的费用约为 11 万元。而如果采用建设植被过滤带对农田径流产生的非点源污染进行迁移阻断控制，在费用方面，目前相关研究认为植被过滤带建设成本较高且需要一定的抚育时间[168]，还需要占据一定面积，但由于研究区主要位于山区，坡度较小的耕地面积本来就不大，因此建设植被过滤带的可行性较小；同时，考虑到研究区农田基本沿河分布，需要进行农田径流污染削减的计算单元分布不够集中，因此本研究中农田径流污染负荷削减措施选用平衡施肥技术这一源头削减措施。对于分散畜禽养殖以及农村人口生活污染的削减，可采用末端治理的控制措施，结合研究区经济社会发展实际情况，同样采用一体化沼气设施作为本研究中分散畜禽养殖粪便及农村生活污染负荷末端治理方案，且根据上文计算结果，用沼气设施处理 1t 氮的费用约为 40 万元；则对于任意一个计算单元，其非点源污染削减分配模型为

$$\min E(\Delta N)=11\Delta N_1+40\Delta N_2+40\Delta N_3$$
$$s.t\begin{cases}\Delta N_1+\Delta N_2+\Delta N_3=\Delta N\\0\leqslant\Delta N_1\leqslant N_1\\0\leqslant\Delta N_2\leqslant N_2\\0\leqslant\Delta N_3\leqslant N_3\end{cases} \quad (5.5)$$

式中：ΔN_1、ΔN_2、ΔN_3 分别为通过农田平衡施肥技术和采用小型一体化沼气设施来削减的非点源污染负荷量；ΔN 为每个计算单元内需要削减非点源污染负荷量；N_1、N_2、N_3 分别为通过某一计算单元内农田径流污染负荷量、分散养殖负荷量以及农村生活污染负荷量，也就是说某一种污染源的最大削减量不能超过其负荷量。很显然，对于上述单目标优化函数，为使污染治理的投入成本最小化，应将农田径流污染承担的负荷削减量尽可能大，剩余的污染负荷削减量再在分散畜禽养殖和农村生活污染之间进行分配。

在上述非点源负荷削减二次分配模型的基础上，计算出相关计算单元内污染负荷削减的二次分配结果，见表 5.25。

表 5.25　　　　　研究区相关控制单元非点源负荷削减二次分配

保障区计算单元	削减二次分配结果/(t/a)			保护区计算单元	削减二次分配结果/(t/a)		
	农田/林地	分散养殖	农村生活		农田/林地	分散养殖	农村生活
2	5.75	0.02	0.01	3	1.35	0.09	0.06
5	4.01	0.00	0.00	6	1.31	0.03	0.02
8	3.68	0.00	0.00	9	0.86	0.03	0.00
11	3.43	0.00	0.00	12	0.70	0.08	0.05
14	4.95	0.15	0.09	15	0.81	0.09	0.06
17	7.18	0.59	0.31	18	1.00	0.14	0.09
23	2.33	0.15	0.07	24	0.50	0.07	0.04
26	0.87	0.00	0.00	27	0.12	0.00	0.00
38	1.01	0.00	0.00	39	0.53	0.00	0.00
41	0.89	0.00	0.00	42	0.59	0.00	0.00
44	6.04	0.00	0.00	45	0.49	0.10	0.06
47	1.71	0.00	0.00	48	0.07	0.00	0.00
50	3.30	0.00	0.00	51	0.98	0.13	0.08
53	1.26	0.00	0.00	54	0.09	0.00	0.00
56	0.92	0.11	0.05	57	0.08	0.04	0.02
59	0.00	0.00	0.00	60	0.05	0.00	0.00
62	0.37	0.00	0.00	63	0.02	0.00	0.00

5.6 研究区清洁小流域规划总体方案

在上述分析计算的基础上,得出如下六河清洁小流域规划总体方案。结合本研究提出的清洁小流域规划分区,从不同的角度对污染负荷削减措施进行统计汇总,以为不同管理部门提供决策依据。

5.6.1 城镇生活污染削减措施

对于城镇生活污染,基本集中在第 10 个控制单元。结合研究区内华来镇水污染治理的实际需求,拟建立小型城镇生活污水处理厂以处理华来镇的城镇生活污水,实现对研究区内的主要点源污染物的浓度达标排放控制。

根据历年的《桓仁满族自治县统计年鉴》和华来镇相关规划及现场调研情况,目前华来镇镇区所在地包含三个村,总人口约 7000 人,加上镇区类学校和医院等合计共有人口约 8000 人。

依据《农村给水设计规范》及《村镇生活污水污染防治最佳可行性技术指南》中相关规定,目前华来镇镇区内住户有给排水卫生设施和淋浴设备,根据实地调研情况,用水量以 130L/(人·d) 计,产污系数按 0.85 考虑,污水排放量为 884 m³/d。考虑远期规划并结合实际情况,确定污水处理工程设计水量为 1000m³/d。华来镇小型污水处理厂的建设选址如图 5.22 所示。

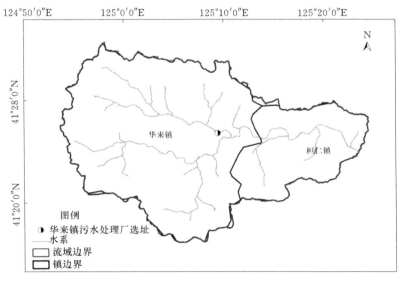

图 5.22 华来镇污水处理厂选址示意图

5.6.2　畜禽养殖污染及农村生活污水处理工程

在畜禽养殖和农村生活污染的削减方面，采用小型沼气池作为污染削减的措施。通过计算，各计算单元需要建立的沼气池数量计算结果见表5.26和表5.27。

表 5.26　　计算单元内集中畜禽养殖负荷削减需建沼气池量

保障区计算单元	集中养殖污染削减需建设沼气池数量/个	保护区计算单元	集中养殖污染削减需建设沼气池数量/个
2	32	3	20
14	120	15	40
17	56	18	16
23	8	24	4
29	0	30	4
62	120	63	16

表 5.27　　各计算单元内分散养殖及农村生活污染削减需建沼气池量

保障区计算单元	沼气池数量/个			保护区计算单元	沼气池数量/个		
	分散养殖	农村生活	合计		分散养殖	农村生活	合计
2	4	4	8	3	16	12	28
5	0	0	0	6	152	48	200
8	0	0	0	9	92	40	132
11	0	0	0	12	60	64	124
14	24	16	40	15	92	44	136
17	96	52	148	18	108	64	172
23	24	12	36	24	48	44	92
26	0	0	0	27	0	0	0
38	0	0	0	39	0	0	0
41	0	0	0	42	0	0	0
44	0	0	0	45	52	36	88
47	0	0	0	48	28	4	32
50	0	0	0	51	104	40	144
53	0	0	0	54	16	4	20
56	20	8	28	57	12	8	20
59	0	0	0	60	52	8	20
62	40	8	28	63	24	16	0

由表 5.27 可知，为达到清洁小流域规划中确定的集中畜禽养殖、分散畜禽养殖以及农村生活污染负荷削减目标，至少需要在研究区相关计算单元内建设 1938 个年处理粪便在 3t 左右的小型一体化沼气池。

5.6.3 农田面源污染削减工程

根据相关计算单元中农田面源污染负荷削减量，确定各控制单元内需要实施减氮稳磷补钾平衡施肥技术措施的耕地面积。具体结果见表 5.28。

表 5.28 **各计算单元内需实施平衡施肥技术的耕地面积**

保障区计算单元	平衡施肥耕地面积 /hm²	保护区计算单元	平衡施肥耕地面积 /hm²
2	851.85	3	200.00
5	594.07	6	22.22
8	545.19	9	14.81
11	508.15	12	11.85
14	733.33	15	19.26
17	1063.70	18	23.70
23	345.19	24	10.37
26	128.89	27	17.78
38	149.63	39	78.52
41	131.85	42	87.41
44	894.81	45	17.78
47	253.33	48	10.37
50	488.89	51	44.44
53	186.67	54	13.33
56	136.30	57	4.44
59	341.33	60	441.20
62	130.10	61	149.20

由表 5.28 可知，为实现研究区清洁小流域规划中对农田径流非点源污染负荷削减的目标，需要在研究区内实施减氮稳磷补钾平衡施肥技术措施的耕地面积达 8650hm²。

5.6.4　按不同方式进行统计汇总

通过以上污染负荷削减量的二次分配结果，可以得出研究区内任意一个计算单元内为实现其所在的控制单元的水质目标而需要建设的各类工程措施的数量或者面积，也就相当于确定了污染治理措施的建设位置和布局，为小流域内污染削减任务的细化奠定基础。而在实际的水质水环境管理过程中，需要环保、水利、林业、农业等多个部门参与到污染治理中，因此，本研究在确定各计算单元的污染负荷削减量分配和具体的工程措施后，从子流域、"三保区"、行政区等三个角度对污染削减工程量进行统计，从而为多部门协作以及污染负荷统计等提供参考。

（1）按子流域进行统计。从子流域角度对污染负荷削减措施进行统计，结果见表 5.29。在实际的管理过程中，目前水利部门开始执行最严格的水资源管理制度，规定了水功能区水质达标率，因此，水利部门在水质管理中更关注每个子流域出口断面或者功能区断面的水质目标是否满足预期目标，从子流域角度对污染负荷进行统计、对工程措施进行布置和规划能够为水利部门水质管理工作提供基础和借鉴。

表 5.29　　　从子流域角度汇总的清洁小流域规划措施方案

子流域	沼气池建设个数/个	平衡施肥农田面积/hm²	城镇生活污水处理厂
1	88	1051.85	—
2	200	616.29	—
3	132	560.00	—
4	124	520.00	—
5	336	752.59	—
6	392	1087.40	—
7	0	0.00	—
8	140	355.56	—
9	0	33.00	—
10	10	0.00	1 座
11	0	0.00	—
12	0	0.00	—
13	4	146.67	—
14	16	228.15	—

续表

子流域	沼气池建设个数/个	平衡施肥农田面积/hm²	城镇生活污水处理厂
15	0	219.26	—
16	88	912.59	—
17	32	263.70	—
18	144	533.33	—
19	20	200.00	—
20	48	140.74	—
21	20	782.53	—
合计	1938	8650	1 座

以子流域为单位进行统计,研究区内沼气池分布和需要实施平衡施肥措施的耕地面积分布分别如图 5.23 和图 5.24 所示。由此可知,目前研究区内需要建设的沼气池主要分布在流域的上游地区,同时,需要进行平衡施肥措施的土地面积也集中处于上游的子流域,这和对研究区的实地调研情况也较为吻合。目前六河上游虽然坡度较大,但是保障区和保护区内仍有大量的人口和畜禽养殖量,对流域水体产生了较大威胁。因此,从子流域的角度来说,上游的子流域是研究区目前水污染治理工作的重点,结合各子流域内计算单元污染负荷削减措施,即可将各子流域的污染负荷削减任何进行层层分配,层层落实。

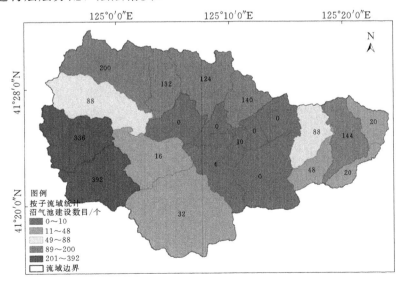

图 5.23 研究区按子流域统计的沼气池建设分布图

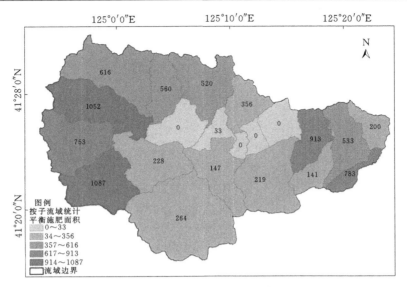

图 5.24   研究区按子流域统计的平衡施肥耕地分布图（单位：hm²）

（2）按"三保区"进行统计。从"三保区"角度对污染负荷削减措施进行统计，结果见表 5.30。正如上文所述，清洁小流域中"三保区"的划分主要以流域内不同区域生态功能的差异为划分依据。实例研究中的"三保区"主要考虑的因素主要为林地面积、坡度以及河岸缓冲带的宽度需求等。从"三保区"的角度对污染负荷、工程措施等进行统计汇总的优势体现在：保育区的划分和工程措施的统计等能够为林业部门参与水质保护和管理提供依据；保护区的划分能够为水利部门行使其职责提供依据。而保障区的划分能够明确污染削减和治理的重点。此外，这种分区方式的优越性在污染负荷分配的过程中也有所体现。在污染负荷分配中，为体现不同分区对水体水质的影响和威胁程度的差异，在污染负荷贡献率分配法的基础上，构建基于控制单元负荷超标率的修正因子，对保障区和保护区的污染削减量进行修正，从而实现对负荷超标程度高的子流域的保护区实行更加严格的控制，从而达到对水体进行有效保护的目的。

表 5.30   从"三保区"角度汇总的清洁小流域规划方案

三保区	沼气池建设个数/个	平衡施肥耕地面积/hm²	城镇生活污水处理厂
保育区	7	0	—
保障区	1342	7483.28	1 座
保护区	589	1166.68	—
合计	1938	8650	1 座

由表可以得出，由于目前研究区内保育区受人类活动干扰较小，因此需要建设的污染负荷削减工程量小；保障区集中了绝大部分的污染负荷削减任务；同时，由于研究区内坡度较大，耕地面积较少，保护区内分布有大量耕地，为保障水质，必须对这部分耕地及相关的生活生产污水进行高效控制。

（3）按行政区进行统计。从行政区角度对污染负荷削减措施进行统计，结果见表5.31。行政区是污染负荷落实的责任主体，本研究提出的清洁小流域规划分区方法为污染负荷削减的分布提供了依据，便于该小流域所包括的两个镇结合各自区内村落对污染负荷削减措施进行布置，进而便于管理者对镇区内污染负荷削减进行总体把握和统筹协调。

表 5.31 从行政区角度汇总的清洁小流域规划方案

行政区	沼气池建设个数/个	平衡施肥农田面积/hm²	城镇生活污水处理厂
华来镇	1474	5582.21	1 座
桓仁镇	464	3067.75	—
合计	1938	8649.96	1 座

5.6.5 清洁小流域规划综合保障措施

清洁小流域规划各类污染削减措施的实施离不开管理组织、经济激励以及技术研发与推广服务等综合保障措施。

（1）管理组织保障。清洁小流域规划措施的执行，必须由政府管理部门组织落实，因此需要制定政府行动规划、强化政府部门的管理职能和构建协调管理机制。这包括以下几方面工作。首先要制定政府行动规划。政府制定行动规划是推进水污染防治工作的基础。一方面，政府要明确地将水污染防治作为重要的专门性控污项目，纳入到流域总体环境保护计划和综合性的环境保护规划中，使其成为流域水污染和农业污染控制的重要内容和手段，并大力推动水污染防治项目的实施；另一方面，流域水污染防治的具体实施涉及面较广，不可能一蹴而就，要在一定时间的跨度内分期进行，政府需要确定分期实施重点，制定相应的实施计划。其次，强化政府的管理职能。环境管理职能的虚化，是农业污染一直得不到有效缓解的重要因素。通过水污染防治实现农业污染的控制与管理，必须强化流域政府的管理职能，拓宽管理的深度和广度。因此，要将水污染防治的实施进度作为流域政府工作考核的重要内容，纳入农业、环保等政府部门的工作范围，通过制定相关的考核标准、奖惩细则、细化责任，促进水污染防治工作的落实，提高实施水污染防治的工作效率。再次，建立多部门协作的管理机构与机制。水污染防治工作的实施涉及农业、环保、水利、国土资源等多个管理部门，若不能有效协调这些部门的关系，则相关工作难以开展。将各相关方意见集中起来，平衡权益与利益，通过磋商缓解各相关方矛盾，同时对水污染防治工作进行监督。

（2）经济政策保障。清洁小流域规划各项措施的落实需要相关经济政策的保障才能得到顺利推进。首先，制定清洁小流域规划的经济补偿政策。一些措施的执行，如平衡施肥技术的推广可能在一定程度上会影响农民的利益，至少冲击了农户的传统意识，想要吸引广大农户共同参与流域水污染防治中必须要有配套的经济政策的激励和保障，而不能一味的采用命令强制进行推行。需要通过制定经济补偿政策，对农民进行激励和引导。在具体政策的制定上，首先要对流域水污染防治相关措施涉及的各利益主体进行调查，明确其可能遭受的损失，依此确定合适的经济补偿方式、标准、额度，形成统一的清洁小流域规划相关的补偿机制。其次，制定污染治理投资优惠政策。清洁小流域规划中各项污染项目的兴建需要大量的资金，有限的政府财政投入无法完全满足这种需求。因此，行政区要结合流域水污染防治的实际需求，对污染治理效果好的企业以及养殖户给予一定的经济优惠政策，鼓励各方参与流域水污染治理的积极性；同时要创造良好的政策环境，引导社会、企业、个人对流域水污染防治进行投资，扩大资金的来源。

（3）技术研发与推广服务保障。环保农业技术的有效应用不仅可以促进农业清洁生产，还可以提高农业产业的增加值和农民的收入，能够起到促进流域水污染防治的作用。首先，加强环境友好农业技术的研发工作。根据水污染防治的技术需求特点，按照农业产业规模化、精准化、设施化等要求，加强田间作业、设施栽培、健康养殖、精深加工、储运保鲜等技术的研发；鼓励适合我国小农户生产的环境友好型农业技术的研发，如优化施肥技术，高效、低毒、低残留农药的生产技术与喷施技术，病虫灾害综合防治技术，水土保持技术，清洁生产技术等。对非环保型农业技术的研发与应用要通过行政手段加以限制和制止。其次，加强技术推广服务机构的建设。环保生产技术的采用，是环保农业发展的关键，但是环保农业技术的应用存在成本和风险，农民一般不会主动采用，根据这一特点，需要政府给予政策倾斜，降低技术采用的成本和市场风险，引导新技术的采纳，达到清洁生产的目的，更重要的是需要充分发挥技术推广机构的引导作用，做好技术示范和指导工作。因此，必须加快构建以公共服务机构为依托、合作经济组织为基础、龙头企业为骨干、其他社会力量为补充，公益性服务和经营性服务相结合、专项服务和综合服务相协调的环保技术推广及农业技术服务体系。

第6章 结论与展望

6.1 结论

在非点源污染日益严峻的背景下，本书结合我国目前水污染防治规划多以大型流域为对象而造成规划目标难以全面实现的困境，紧密围绕当前水污染防治中亟待解决的实际问题，在借鉴清洁生产全过程污染防控先进理念的基础上，提出了清洁小流域的概念，从流域规划的角度探讨了清洁小流域的实现途径，并以辽宁省大伙房饮用水水源地保护区的六河流域进行了实证研究，主要研究结论如下：

（1）以小流域为研究对象，对流域内污染负荷进行全口径的总量控制和全过程控制，这能够将污染治理任务与流域水质管理目标密切结合，为流域水质管理和预期目标的实现提供有效支撑，进而为最严格水资源管理制度中水功能区达标目标的实现奠定基础。借鉴清洁生产中对污染物进行全过程控制的理念及污染负荷总量控制的实际需求，提出"清洁小流域"的概念，即：以小流域为基本单元，从污染产生的全过程考虑污染防控措施，将全口径污染负荷总量控制在流域水体纳污能力范围内，使小流域水体水质全面达到水环境保护目标要求。并对清洁小流域规划目标、内容、步骤以及相关研究基础进行了界定和归纳总结。

（2）紧密围绕清洁小流域规划的目标，构建了一套由清洁小流域规划分区方法、纳污能力计算方法以及污染负荷削减分配方法共同构成的分区、分源、分层的清洁小流域规划方法框架。

1）根据流域生态功能差异及污染负荷空间分布特征，将流域划分为保育区、保障区、保护区；保育区为位于坡上及山顶的人烟稀少区，其功能为生态环境调节功能；保障区位于坡中、坡下及滩地等人类活动强烈地区，其主要功能为流域内人类生产生活提供空间和物质保障；保护区位于河（沟）道两侧及湖库周边，其功能是为水体水质安全提供缓冲空间。本研究将子流域作为清洁小流域规划的控制单元，将"三保区"、水文分区及行政区嵌套叠加得到的斑块作为计算单元，这种分区方法一方面便于从子流域的角度核算纳污能力，另一方面又能通过"三保区"协调小流域内经济社会发展和生态环境保护之间的关系，同时也为从行政区的角度对污染负荷削减措施的执行提供了依据。

2）在分析点源和非点源入河特征的基础上，构建全口径的水体纳污能力计算方法。提出将90％保证率月平均流量这一设计水文条件下对应的纳污能力作为水体的点源污染的排放控制总量，将50％保证率月平均流量这一设计水文条件下对应的纳污能力减去点源污染排放控制总量的差额作为非点源污染排放的控制总量。

3）以清洁小流域规划分区为基础和支撑，建立了清洁小流域规划的污染削减二次分配模型，便于结合小流域具体特征对污染负荷削减任务进行层层细化和逐级落实。一次分配为：为体现"三保区"排污特征和对水质影响程度的不同，构建了以贡献率分配法为基础，以控制单元污染负荷超标率为修正因子，将每个控制单元点源和非点源纳污能力分别分配到其所包含的各计算单元，进而确定各计算单元的污染负荷削减量；二次分配为：采用目标优化方法，在筛选污染负荷治理措施的基础上，结合各类污染源的负荷削减成本，以污染削减治理费用最小化为目标，将计算单元污染负荷削减量分配到各污染源，实现对污染负荷削减的层层细化。

（3）清洁小流域规划的实例研究。在清洁小流域规划研究方法的基础上，以辽宁省大伙房水库的水源保护区—六河流域进行了实证研究。通过清洁小流域规划分区，得到21个控制单元和63个计算单元；结合研究区排污状况和水体污染特点，选取 TN 为污染控制指标；结合大伙房水源地水质目标要求，确定以控制单元出口断面水质达到Ⅱ类水其清洁小流域规划水质目标，计算各控制单元点源和非点源纳污能力，分别为 17.06t/a 和 48.75t/a，负荷削减量分别为 11.92t/a 和 60.42t/a；从全过程控制的角度筛选污染负荷削减的措施体系，结合研究区经济社会发展水平，选取农田平衡施肥作为源头削减措施，以小型城镇生活污水处理厂、沼气处理池作为污染负荷的末端治理措施。经计算，为实现研究区清洁小流域规划目标，需修建一座设计水量为 1000m³/d 的小型污水处理厂、建设 1938 座沼气处理池，对 8650hm² 耕地实施减施氮肥的平衡施肥措施。污染负荷计算和削减措施的核算均以计算单元为单位进行，这为该小流域管理者结合区内自然村分布等落实污染治理措施措施，同时也为水利、林业、环保等不同部门共同参与水质管理提供了可靠依据和参考。

6.2 创新点及研究特色

本书在前人研究的基础上，有如下创新点和研究特色：

（1）分区方法上，构建了由控制单元和计算单元组成的多层级、多角度的分区方法，提出将水文分区、行政区、三保区嵌套叠加的污染规划分区思路。

（2）纳污能力计算上，提出全口径纳污能力计算方法。从流域内污染负荷全口径总量控制的角度，提出了分源的水体纳污能力计算方法，通过选取不同的设计水文条件，分别核算水体对点源和非点源纳污能力，较为客观的反映点源和非点源入河特征和控制的差异，并有利于充分利用水体纳污能力。

（3）在污染负荷削减分配上，构建包括非点源污染在内的污染负荷削减分配模型。以清洁小流域规划分区为基础和支撑，建立了清洁小流域规划的污染削减二次分配模型，将污染负荷削减定量分配到包括非点源污染在内的各类污染源，便于对污染负荷削减任务进行层层细化和逐级落实，实现水体预期水质目标。

6.3 展望

清洁小流域作为一种新的概念，其规划涉及内容和规划方法的探讨尚处于起步阶段，需要在今后的研究中结合小流域具体特征及点源和非点源联合控制的要求开展更加深入细致的探讨、补充和完善，如对非点源纳污能力计算中设计水文条件的选取需要结合不同小流域具体的降雨条件、地形地貌、污染削减需求等开展更深入的研究，以便为清洁小流域规划方法的推广奠定基础。

各类污染治理措施的技术经济指标研究数据尚显不足，为从全过程的角度构建污染负荷削减措施体系增加了难度。今后应进一步加强污染治理措施技术经济指标研究，为流域水污染防治规划提供服务。

参 考 文 献

［1］ Micheal M. World Bank predicts watercrisis ［J］. The Lancet，1995，346 （8973）：496 - 498.

［2］ World Water Assessment Program. Water security：a Preliminary assessment of poliey progress since Rio ［M］. Paris：UNESCO，2001.

［3］ Ashraf H. Experts gather to discuss water crisis that the world is ignoring ［J］. The Lancet，2003，361 （9361）：935.

［4］ 张维理，徐爱国，冀宏杰，等. 中国农业面源污染形势估计及控制对策Ⅰ：中国农业面源污染控制中存在问题分析 ［J］. 中国农业科学，2004，37 （7）：1026 - 1033.

［5］ 张维理，冀宏杰，Kolbeh，等. 中国农业面源污染形势估计及控制对策Ⅱ：欧美国家农业面源污染状况及控制 ［J］. 中国农业科学，2004，37 （7）：1018 - 1025.

［6］ 刘小力. 实行最严格水资源管理制度加快建立全国水资源市场 ［J］. 长江论坛，2012 （4）：11 - 16.

［7］ 张远，张明，王西琴. 中国流域水污染防治规划问题与对策研究 ［J］. 环境污染与防治，2007，29 （11）：870 - 875.

［8］ 张丽. 湖泊水环境容量研究——以洱海为例 ［D］. 昆明：昆明理工大学，2008.

［9］ 冯尚友. 水资源持续利用与管理导论 ［M］. 北京：科学出版社，2000.

［10］ M V，G C. Eutrophication in Europe，the role of agricultural activities ［J］. Reviews of Environmental Toxicology，1987，（1）：213 - 257.

［11］ V L B. Nutrient preserving in riverine transitional strip ［J］. Journal of Human Environment，1994，3 （6）：38 - 45.

［12］ 张书军，王磊，裴志永. 美国环保署战略计划 （2006—2011） 述评 ［J］. 中国人口·资源与环境，2010，20 （6）：147 - 150.

［13］ 曾文忠. 我国水资源管理体制存在的问题及其完善 ［D］. 苏州：苏州大学，2010.

［14］ 李云生. "十二五" 水环境保护基本思路 ［J］. 水工业市场，2010，2 （1）：8 - 10.

［15］ 王金南，田仁生，吴舜泽，等. "十二五" 时期污染物排放总量控制路线图分析 ［J］. 中国人口资源与环境，2010 （8）：70 - 74.

［16］ 张维理，武淑霞，冀宏杰，等. 中国农业面源污染形势估计及控制对策Ⅲ：21 世纪初期中国农业面源污染的形势估计 ［J］. 中国农业科学，2004，37 （7）：1008 -1017.

［17］ 张凯，崔兆杰. 清洁生产理论与方法 ［M］. 北京：科学出版社，2005.

［18］ G. Hilson. Bamers to lmplementing Cleaner Technologies and Cleaner Production Praetices in the Mining Industry：a Case Study of the Americas ［J］. Minerals Engineenng，2000，13 （7）：699 - 717.

［19］ 贾继文，陈宝成. 农业清洁生产的理论与实践研究 ［J］. 环境与可持续发展，2006 （4）：1 - 4.

[20] 张志宗. 清洁生产效益综合评价方法研究 [D]. 上海：东华大学，2011.

[21] 段宁. 清洁生产、生态工业和循环经济 [J]. 环境科学研究. 2001, 14 (6)：1-4.

[22] A Y R. AGNPS: A non-point source pollution model for evaluating agricultural watersheds [J]. Soil and Water Conservation, 1989, 44 (2)：168-173.

[23] 俞慰刚，杨絮. 琵琶湖环境整治对太湖治理的启示——基于理念、过程和内容的思考 [J]. 华东理工大学学报：社会科学版，2008, 23 (1)：83-91.

[24] 赵解春，白文波，山下市二，等. 日本湖泊地区水质保护对策与成效 [J]. 中国农业科技导报，2011, 13 (6)：126-134.

[25] 但家文. 日本总量控制中的几个特点 [J]. 环境科学动态，1988 (7)：25-28.

[26] 刘恒，涂敏. 莱茵河流域行动计划及其对我国维护河流健康的启示 [J]. 人民黄河，2005, 27 (11)：60-61.

[27] 王润，姜彤，等. 欧洲莱茵河流域洪水管理行动计划述评 [J]. 水科学进展，2000, 11 (2)：221-226.

[28] 丛春林，王英. 水污染物排放总量控制编制方法研究 [J]. 环境科学与管理，2007 (9)：142-144.

[29] 梁博，王晓燕. 我国水环境污染物总量控制研究的现状与展望 [J]. 首都师范大学学报（自然科学版），2005 (1)：93-98.

[30] 郭希利. 总量控制方法类型及分配原则 [J]. 中国环境管理，1997 (5)：47-48.

[31] Brady D J. The watershed protection [J]. Water Science and Technology, 1996, 4-5 (33)：17-21.

[32] 杨爱玲，朱颜明. 地表水环境非点源污染研究 [J]. 环境科学进展，1999, 7 (5)：60-67.

[33] 何因. 基于 GWLF 模型的于桥水库流域非点源污染模拟 [D]. 天津：南开大学，2010.

[34] 贺缠生，傅伯杰. 非点源污染的管理及控制 [J]. 环境科学，1998, 19 (5)：87-91.

[35] 郝芳华，程红光，杨胜天. 非点源污染模型理论方法与应用 [M]. 北京：中国环境科学出版社，2006.

[36] 蔡贻谟，黄淑贞. 关于日本的水质质量控制标准 [J]. 环境保护科学，1980 (03)：39-47.

[37] 王建，张金生. 日本水质污染总量控制及其方法 [J]. 湖北环境保护，1981 (04)：55-64.

[38] 郑玲哲. 关于日本的水质污染总量控制（摘译）[J]. 环境保护科学，1981 (02)：45-49.

[39] 宋吉明. 日本的水质总量控制 [J]. 中国环境管理，1986 (06)：21-23.

[40] 王卫平. 九龙江流域水环境容量变化模拟及污染物总量控制措施研究 [D]. 福建厦门：厦门大学，2007.

[41] 罗阳. 流域水体污染物最大日负荷总量控制技术研究 [D]. 杭州：浙江大学，2010.

[42] 王亮. 天津市重点水污染容量总量控制研究 [D]. 天津：天津大学，2005.

[43] 宋国君，徐莎，李佩洁. 日本对琵琶湖的全面综合保护 [J]. 环境保护，2007, (7B)：71-73.

[44] 方晓波. 钱塘江流域水环境承载力研究 [D]. 杭州：浙江大学，2009.

[45] 席西民，刘静静，曾宪聚，等. 国外流域管理的成功经验对雅砻江流域管理的启示

[J]. 长江流域资源与环境. 2009, 18 (7): 635 - 640.

[46] U. S. EPA. Handbook for developing watershed TMDLS [M]. Washington, D. C: Office of Wetlands, Oceans and Watersheds, U. S. Environmental Protection Agency, 2008.

[47] CLELAND B R. TMDL development from the/Bottom Up0 part Ⅱ: using duration curves to connect thepieces [J]. National TMDL Science and Policy, 2002 (11): 687 - 697.

[48] Ormsbee L, Elshorbagy A, Zechman E. Methodology for pH total maximum daily loads: Application to beech creek watershed [J]. Journal of Environmental Engineering - ASCE, 2004, 130 (2): 167 - 174.

[49] CHEN C W. Development of TMDL implementation plan with consensus module of WARMF [C] //Proceedings of the Water Environment Federation. Alexandria: Water Environment Federation, 2002.

[50] 杨龙, 王晓燕. 美国 TMDL 计划的研究现状及其发展趋势 [J]. 环境科学与技术, 2008, 31 (9): 72 - 76.

[51] 梁博, 王晓燕, 曹利平. 最大日负荷总量计划在非点源污染控制管理中的应用 [J]. 水资源保护, 2004, 20 (4): 37 - 41.

[52] U. S. EPA. Protocol for Developing Nutrient TMDLs [R]. Washington DC: Office of Water 4503F Washington DC 20460, EPA 841 - B - 99 - 007, 1999.

[53] 叶兆木. 珠江三角洲小城镇 COD 总量控制研究 [D]. 广州: 中山大学, 2005.

[54] 石秋池. 欧盟水框架指令及其执行情况 [J]. 中国水利, 2005, 52 (22): 65 - 66.

[55] 陈蕊, 刘新会, 杨志峰. 欧盟工业废水污染物排放限值的制定方法 [J]. 上海环境科学, 2004, 23 (5): 210 - 214.

[56] Pekka L, Halmeenpaa H, Ecke F, et al. Assessing pollution in the Kola River, northwestern Russia, using metal concentrations in water and bryophytes [J]. Boreal Environmental Research, 2010, 36 (2): 212 - 225.

[57] Olmos M A, Birch G F. A novel method using sedimentary metals and GIS for measuring anthropogenic change in coastal lake environments [J]. Environmental Science and Pollution Park. 2010, 36 (2): 212 - 225.

[58] 谢阳村. 基于 BMPs 的农业非点源污染主导流域总氮总量控制目标研究 [D]. 北京: 中国地质大学 (北京), 2012.

[59] 徐永利. 苏州市化学需氧量总量控制研究 [D]. 北京: 北京林业大学, 2008.

[60] 刘华平. 李广源. 湘潭市城区湘江段水域纳污能力分析 [J]. 湖南水利水电, 2001 (1): 37 - 38.

[61] 朱继业, 窦贻俭. 城市水环境非点源污染总量控制研究与应用 [J]. 环境科学学报, 1999, 19 (4): 415 - 420.

[62] 田卫, 余穆清, 朱显梅, 等. 浑江吉林省段水环境容量及其在总量控制中的利用研究 [J]. 东北师大学报 (自然科学版), 2000, 32 (3): 84 - 88.

[63] 张秀敏, 马生伟. 抚仙湖流域综合治理规划方案研究 [J]. 环境科学研究, 1999, 12 (5): 17 - 19.

[64] 颜昌宙, 刘文祥, 郭海燕. 焉耆盆地水污染物总量控制研究 [J]. 环境科学研究, 1999, 12 (5): 20 - 23.

［65］ 梁博. 密云水库流域非点源污染总量控制研究［D］. 北京：首都师范大学，2005.

［66］ 谢阳村. 基于 BMPs 的农业非点源污染主导流域总氮总量控制目标研究［D］. 北京：中国地质大学（北京），2012.

［67］ 孟伟，张楠，张远，等. 流域水质目标管理技术研究（Ⅰ）——控制单元的总量控制技术［J］. 环境科学研究，2007，20（4）：1-8.

［68］ 孟伟，王海燕，王业耀. 流域水质目标管理技术研究（Ⅳ）——控制单元的水污染物排放限值与削减技术评估［J］. 环境科学研究，2008，21（2）：1-9.

［69］ 孙小银，周启星. 中国水生态分区初探［J］. 环境科学学报，2010，（2）：415-423.

［70］ 黄凯，刘永，郭怀成，等. 小流域水环境规划方法框架及应用［J］. 环境科学研究，2006，19（5）：136-141.

［71］ 帅红，夏北成，胡学. 华南地区小流域水污染控制规划初探［J］. 云南地理环境研究，2003，15（1）：46-50.

［72］ 牛坤玉. 借鉴美国经验助力环保战略规划［J］. 环境保护，2010（11）：82-84.

［73］ 淮河流域水污染防治总体规划编写组. 淮河流域水污染防治总体规划［R］. 安徽蚌埠：淮河流域委员会，1995.

［74］ 刘鸿志. 淮河流域水污染防治工作的总结回顾［J］. 中国环境管理，1998，4（2）：15-19.

［75］ 谢高地，鲁春霞，甄霖，等. 区域空间功能分区的目标、进展与方法［J］. 地理科学，2009，28（3）：561-570.

［76］ 詹歆晔，刀谞，郭怀成，等. 中国与美国环境规划差异比较与成因分析［J］. 环境保护，2009，2（14）：59-61.

［77］ 张淑荣，陈利顶，傅伯杰于桥水库流域农业非点源磷污染控制区划研究［J］. 地理科学，2004，24（2）：232-237.

［78］ 戴晓燕，过仲阳，石纯，等. 空间聚类在农业非点源污染研究中的应用［J］. 2005（3）：59-64.

［79］ 尹福祥，李倦生. 模糊聚类分析在水环境污染区划中的应用［J］. 环境科学与技术，2003，26（3）：39-41.

［80］ 王东，王雅竹，谢阳村，等. 面向流域水环境管理的控制单元划分技术与应用［J］. 应用基础与工程科学学报，2012（20）：30-37.

［81］ 毕小刚. 生态清洁小流域理论与实践［M］. 北京：中国水利水电出版社，2011.

［82］ 金陶陶. 流域水污染防治控制单元划分研究［D］. 哈尔滨：哈尔滨工业大学，2011.

［83］ 李法云，范志平，张博，等. 辽河流域水生态功能一级分区指标体系与技术方法［J］. 气象与环境学报. 2012，28（5）：83-89.

［84］ 王晶晶，王文杰，郎海鸥，等. 三峡库区小江流域水环境综合区划［J］. 地球信息科学学报. 2011，13（1）：38-47.

［85］ U. S. EPA. Handbook for Developing Watershed Plans to Restore and Protect Our Waters ［EB/OL］. 2008, http：//www. epa. gov/owow/nps/watershed _ handbook.

［86］ 张利文，李海涛. 河流水污染物总量控制方法的探讨［J］. 内蒙古环境保护，2006，18（4）：28-31.

［87］ 王夏晖，陆军，张庆忠，等. 基于流域尺度的农业非点源污染物空间排放特征与总量控制研究［J］. 环境科学，2011，32（9）：2554-2561.

［88］ 周丰，刘永，黄凯，等. 流域水环境功能区划及其关键问题［J］. 水科学进展，2007，18（2）：216－222.

［89］ 阳平坚，郭怀成，周丰，等. 水功能区划的问题识别及相应对策［J］. 中国环境科学，2007，27（3）：419－422.

［90］ 孟伟，张远，郑丙辉. 水生态区划方法及其在中国的应用前景［J］. 水科学进展，2007，18（2）：293－300.

［91］ 田育红，任飞鹏，熊兴，等. 国内外水生态分区研究进展［J］. 安徽农业科学，2012，40（1）：316－319.

［92］ 孙小银，周启星. 中国水生态分区初探［J］. 环境科学学报，2010，30（2）：415－423.

［93］ 孙小银，周启星，于宏兵，等. 中美生态分区及其分级体系比较研究［J］. 生态学报，2010，30（11）：3010－3017.

［94］ 黄艺，蔡佳亮，郑维爽，等. 流域水生态功能分区以及区划方法的研究进展［J］. 生态学杂志，2009，28（3）：542－548.

［95］ 孟伟，张远，郑丙辉. 辽河流域水生态分区研究［J］. 环境科学学报，2007，27（6）：911－918.

［96］ 李艳梅，曾文炉，周启星. 水生态功能分区的研究进展［J］. 应用生态学报，2009，20（12）：3101－3108.

［97］ 傅伯杰，刘国华，陈利顶. 中国生态区划方案［J］. 生态学报，2001，21（1）：1－6.

［98］ 张蕾. 东辽河流域水生态功能分区与控制单元水质目标管理技术［D］. 哈尔滨：哈尔滨工业大学，2012.

［99］ 刘星才，徐宗学，张淑荣，等. 流域环境要素空间尺度特征及其与水生态分区尺度的关系——以辽河流域为例［J］. 生态学报，2012，32（11）：3613－3620.

［100］ 中华人民共和国环境保护部. 总量控制技术手册［M］. 北京：中国环境科学出版社，1990.

［101］ 刘娜，谢绍东. 中国不同经济区域大气污染总量分配方法的选择研究田［J］. 北京大学学报（自然科学版），2007，43（6）：803－807.

［102］ 李家科. 博斯腾湖水环境容量及污染物排放总量控制研究［D］. 西安：西安理工大学，2004.

［103］ 袁辉，王里奥，胡刚，崔志强，詹艳慧. 三峡重庆库区水污染总量的分配［J］. 重庆大学学报，2004，27（2）：136－139.

［104］ 徐华山. 强烈人类活动影响流域 TMDL 关键技术研究——以漳卫南运河流域为例［D］. 北京：北京师范大学，2012.

［105］ 刘巧玲，王奇. 基于区域差异的污染物削减总量分配研究——以 COD 削减总量的省际分配为例［J］. 长江流域资源与环境，2012，21（4）：512－517.

［106］ 吴悦颖，李云生，刘伟江. 基于公平性的水污染物总量分配评估方法研究［J］. 环境科学研究，2006，19（2）：66－70.

［107］ 阎正坤. 基于 Delphi－AHP 和基尼系数法的流域水污染物总量分配模型研究［D］. 大连：大连理工大学，2012.

［108］ 秦迪岚，韦安磊，卢少勇，等. 基于环境基尼系数的洞庭湖区水污染总量分配［J］. 环境科学研究，2013，26（1）：8－15.

［109］ 何冰，欧厚金. 区域水污染物削减总量分配的层次分析方法［J］. 环境工程，

1999，9（6）：50－53.

[110] 幸娅，张万顺，王艳，等. 层次分析法在太湖典型区域污染物总量分配中的应用 [J]. 中国水利水电科学研究院学报，2011，9（2）：155－159.

[111] 李如忠，钱家忠，汪家权. 污染物允许排放总量分配方法研究 [J]. 水利学报，2003（5）：112－115.

[112] 孙秀喜，冯耀奇，丁和义. 河道污染物总量分配模型的建立及分析方法研究 [J]. 地下水，2005，27（6）：427－429.

[113] 梅永进. 层次分析法在沙溪水污染物总量分配中的应用 [J]. 厦门理工学院学报，2005，13（4）：54－57.

[114] 尹军，李晓君. 官正水污染控制系统污染物削减量优化分配 [J]. 环境科学丛刊，1997，10（3）：49－52.

[115] 王亮，张宏伟，岳琳. 水污染物总量行业优化分配模型研究 [J]. 天津大学学报（社会科学版），2006，8（1）：59－63.

[116] 淮斌，李清雪，陶建华. 离散规划在近海地区排海废水污染物总量控制中的应用 [J]. 城市环境与城市生态，1999，12（1）：3－39.

[117] 王媛，张宏伟，杨会民，等. 信息熵在水污染物总量区域公平分配中的应用 [J]. 水利学报，2009，40（9）：1103－1107.

[118] 李如忠，舒琨. 基于 Vague 集的水污染负荷分配方法 [J]. 水利学报，2011，42（2）：127－135.

[119] 郭怀成，尚金城，张天柱. 环境规划学 [M]. 北京：高等教育出版社，2001.

[120] USEPA. Watershed analysis and management（WAM）guide for states and communities [R]. Washington DC：USEPA，2003.

[121] 祁生林，韩富贵，杨军，等. 北京市生态清洁小流域建设理论与技术措施研究 [J]. 中国水土保持，2010，（3）：18－20.

[122] 李志群. 实施流域水功能区限制纳污制度基本框架 [J]. 东北水利水电，2012（1）：1－5.

[123] 彭文启.《全国重要江河湖泊水功能区划》的重大意义 [J]. 中国水利，2012，（7）：34－37.

[124] USDA Forest Service. An approach to water resources evaluation on non－point silvicultural sources（A procedural handbook）[R]. Athens：U. S. Environmental Protection Agency Environmental Research Laboratory，1980.

[125] 金可礼，陈俊，龚利民. 最佳管理措施及其在非点源污染控制中的应用 [J]. 水资源与水工程学报，2007，18（1）：37－40.

[126] 惠婷婷. 水污染控制单元划分方法及应用 [D]. 沈阳：辽宁大学，2011.

[127] 张峰，廖卫红，雷晓辉，等. 分布式水文模型子流域划分方法 [J]. 南水北调与水利科技，2011，9（3）：101－105.

[128] 张雪松，郝芳华，程红光，等. 亚流域划分对分布式水文模型模拟结果的影响 [J]. 水利学报，2004，（7）：119－28.

[129] 张楠. 基于不确定性的流域 TMDL 及其安全余量研究 [D]. 北京：北京师范大学，2009.

[130] 许平芝. 保护性耕作在吉林地区土壤侵蚀防治中的试验研究 [D]. 长春：东北师范

大学，2006.

[131] 荣冰凌，孙宇飞，邓红兵.等. 流域水环境管理保护线与控制线及其规划方法 [J]. 生态学报，2009，29（2）：925-930.

[132] 祁生林. 生态清洁小流域建设理论及实践 [D]. 北京：北京林业大学. 2007.

[133] Large A R G, Petts G E. Rehabilitation of rivermargins [J]. RiverRestoration, 1996，71：106-123.

[134] Spruill T B. Effectiveness of riparian buffers in controlling ground - water discharge of nitrate to streams in selected hydrogeologic settings of the North Carolina Coastal-Plain [J]. Water Science and Technology, 2004，49：63-70.

[135] Fennessy M S, Cronk J K. The effectiveness and restoration potential of riparian e-cotones for the management of nonpoint source pollution, particularly nitrate [J]. Critical Reviews in Environmental Science and Technology, 1997，27：285-317.

[136] Copper J R, Gilliam J W, Daniels R B, et al. Riparian areas as filters for agricultural sediment [J]. Soil Science Society of America Journal 1987，51：416-420.

[137] Lowrance R, McIntyre S, Lance C. Erosion and deposition in a field/forest system estimated using caesium - 137 activity [J]. Journal of Soil and Water Conservation, 1988，43：195-199.

[138] ZhuGe Y S, Liu D F, Huang Y L. Primarily discussion on structuring technology of buffer zone in ecostream [J]. Journal of Water Resources & Water Engineering, 2006，17（2）：63-67.

[139] Nilsson C, Berggrea K. Alterations of riparian ecosystems caused by river regulation [J]. Bioscience, 2000，50（9）：783-792.

[140] 彭补拙，张建春. 河岸带研究及其退化生态系统的恢复与重建 [J]. 生态学报，2003，23（1）：56-63.

[141] 国家环保总局. 关于汇总核实全国水环境功能区划及其开展重点城市水环境功能区划汇总工作的通知 [R]. 北京：国家环保总局，2002.

[142] 水利部水利水电规划设计总院. 全国水资源保护综合规划技术细则 [R]. 北京：水利部水利水电规划设计总院，2002.

[143] 黄真理，李玉梁，等. 三峡水库水环境容量计算 [J]. 水利学报，2004（3）：7-14.

[144] 王少平，俞立中，许世远，等. 基于 GIS 的苏州河非点源污染的总量控制 [J]. 中国环境科学，2002，22（6）：520-524.

[145] 蒋颖，王学军，胡连伍，等. 流域总量控制下的农业非点源污染控制方案及其风险分析 [J]. 农业环境科学学报，2007，26（3）：807-812.

[146] 陈丁江，吕军，金树权，等. 非点源污染为主河流的水环境容量估算和分配 [J]. 环境科学，2007，28（7）：1416-1424.

[147] 李锦秀，马巍，史晓新，等. 污染物排放总量控制定额确定方法 [J]. 水利学报，2005，（7）：812-817.

[148] 陈洪波，王业耀. 国外最佳管理措施在农业非点源污染防治中的应用 [J]. 环境污染与防治，2006，28（4）：279-282.

[149] 金可礼，赵彬斌，陈俊，等. 茜坑水库流域面源污染最佳管理措施研究 [J]. 水资

源与水工程学报，2008，19（5）：94-97.

[150] 张雅帆. 非点源污染最佳管理措施的环境经济评价——以密云县太师屯镇为例 [D]. 北京：首都师范大学，2008.

[151] 韩秀娣. 最佳管理措施在非点源污染防治中的应用 [J]. 上海环境科学，2000，19 （3）：102-104.

[152] 王法宏，冯波，王旭清. 国内外免耕技术应用概况 [J]. 山东农业科学，2003 （6）：49-53.

[153] Mario T V, Mario T L, Jeffrey J S, et al. Tillage system effects on runoff and sediment yield in hillslope agriculture [J]. Field Crops Res., 2001 （69）：173-182.

[154] 孙辉，唐亚，谢嘉穗. 植物篱种植模式及其在我国的研究和应用 [J]. 水土保持学报，2004，18（2）：114-117.

[155] Lyle Prunty, Richard Greenland. Nitrate leaching using two potato - corn N - fertilizer plans on sandy soil [J]. Agriculture. Ecosystems & Environment, 1997 （65）：1-13.

[156] Mitsch W J, Gosselink J G. The value of wetlands: importance of scale and landscape setting [J]. Ecol., 2000, 35 （1）：25-33.

[157] Hey D L, Barrett K R, Biegen C. The hydrology of four experimental constructed marshes [J]. Ecol. Ecol. Eng., 1994, （3）：319-343.

[158] Muscutt A D, Harris G L, Bailey S W, et al. Buffer zones to improve water quality: a review of their potential use in UK agriculture [J]. Agr. Ecosyst. and Environ., 1993, 45：59-77.

[159] Blackwell M S A, Hogan D V, Maltby E. The use of conventionally and alternatively located buffer zones for the removal of nitrate from diffuse agricultural runoff [J]. Wat. Sci. Tech., 1999, 39 （12）：157-164.

[160] 柴世伟，裴晓梅，张亚雷，等. 农业面源污染及其控制技术研究 [J]. 水土保持学报，2006，20（6）：192-195.

[161] 尹澄清. 内陆水陆地交错带的生态功能及其保护与开发前景 [J]. 生态学报，1995，15（3）：331-335.

[162] 全为民，严力蛟. 农业面源污染对水体富营养化的影响及其防治措施 [J]. 生态学报，2002，22（3）：291-299.

[163] J D Schreiber, R A Rebich, C M Cooper. Dynamics of diffuse pollution from us southern watersheds [J]. WatRes, 2001, 35 （10）：2534-2542.

[164] 张秋玲. 基于 SWAT 模型的平原区农业非点源污染模拟研究 [D]. 杭州：浙江大学，2010.

[165] 范成新，季江. 太湖富营养化现状、趋势及其综合治理对策 [J]. 上海环境科学，1997，16（8）：4-7.

[166] 刘建昌，张珞平，张玉珍. 控制农业非点源污染的最佳管理措施的优化设计 [J]. 厦门大学学报（自然科学版），2004，43：269-273.

[167] 王晓燕，张雅帆，欧洋，等. 最佳管理措施对非点源污染控制效果的预测——以北京密云县太师屯镇为例 [J]. 环境科学学报，2009，29（11）：2440-2450.

[168] 王良民，王彦辉. 植被过滤带的研究和应用进展 [J]. 应用生态学报，2008，19（9）：2074-2080.